Alice's Adventure in Puzzle-Land

鏡の国のチェス大会

パズルの国のアリス 5

坂井 公［著］

斉藤重之［イラスト］

日経サイエンス社

まえがき

日経サイエンス誌の連載コラム『パズルの国のアリス』も，今回の発刊でなんと単行本が5冊目になった。

連載は開始から数えると16年目に入っている。当初は「2～3年続けられる程度のネタはあるだろう」という軽い気持ちで連載を始めたが，こうなると「もっと，もっと」と欲が出てくる。

しかし，ネタ切れの心配もともかくとして，人間，齢も70を過ぎると，体力気力が保てるかというのが気になり始める。

連載開始前に種本の著作者のピーター・ウィンクラーから「日本でマーティン・ガードナーの伝統を守ってほしい」と激励を受けたことを2巻目のまえがきに書いたが，ガードナーが四半世紀にわたってScientific American誌に「Mathematical Games（数学ゲーム）」というコラムを書き続けたことがどれほどの偉業なのか，今さらながら驚嘆している次第だ。

そういう先人の偉大な業績に少しでも近づくべく，編集部や読者に迷惑にならない範囲で，細々とでもこの仕事を続けていこうというのが今の筆者の偽らざる希望である。

さて，パズルやそれに伴う物語は，今回もいつも通りに楽しんでもらえると嬉しいが，読者に物語をより楽しく読んでいただくための一助として，第5巻では代表的な登場人物を見開き4ページにわたって紹介することにした（6～9ページ）。

イラストレーターの斉藤重之さんには，連載当初から登場人物たちを味のある姿でずっと描いていただいているが，筆者にはあの楽しいイラストなしでは物語が十分楽しめないほどだ。それらが一覧できるというのはとても喜ばしい。残念にも漏れてしまった登場人物たちからは抗議の声が上がりそうだが，紙面には限りがあるのでお許しいただきたい。

ルイス・キャロルの『不思議の国のアリス』『鏡の国のアリス』に出てくる人物は，いずれも独特の癖や特徴のあるユニークなキャラクターたちで，パズルを楽しく提示する上でとても役に立っている。また，筆者が勝手に作り上げた本家の『アリス』物語には出てこない登場人物たちも，そのときどきの話題にふさわしい人物として活躍してくれているが，斉藤さんは，そういうキャラクターたちも面白くてユニークな姿に描いてくださる。それがとても楽しくて，もっとハチャメチャな人物像を考えて登場させたいという誘惑に駆られるほどだ。もし連載がまだ続くなら，さらに多様なキャラクターを登場させようと密かに考えている。

この本は言うまでもなく，数学パズルを紹介しその解答のエレガントさを味わっていただくことに主眼があるが，ついでにこれらの登場人物たちが展開する愉快で奇天烈なストーリーを楽しんでいただければ，筆者としては望外の喜びだ。

最後に，恒例通り，日経サイエンス編集部の皆さまにお礼を申し上げてこのまえがきを終わりにしよう。特にお世話になっているのは，担当編集者だが，これまでに何代か変わり，詫摩雅子さん・菊池邦子さん・湯浅歩さんを経て，妙な巡りあわせで今はまた詫摩さんにご面倒をおかけしている。筆者は相変わらず，原稿は遅く，誤字脱字は多く，肝心の数式ですらしょっちゅうミスタイプをしている。エラーのほとんどが読者の目に触れずに済んでいるのは，担当編集者をはじめとした編集部の皆様の鋭いチェックの賜物である。心からお礼を申し上げたい。

2024年11月　　坂井 公

目次

主な登場人物

アリス

好奇心旺盛で数学パズル好きの女の子。不思議の国や鏡の国に迷い込んで，最初のうちは困惑するが，やがて慣れてきて，そこで出会った奇妙な仲間たちとともに数々の冒険を楽しんでいる。

イモムシ

探偵局の局長。いつも偉そうな態度でアリスに接しているが，実は助手グリフォンの知恵に頼りっぱなし。

チェシャ猫

身体の一部だけでどこへでも出没する奇妙な猫。尻尾から徐々に現れたりすると慣れているアリスでもドッキリ。

グリフォン

探偵局の助手で，不思議の国きっての知恵者。あまりの頭の回転の速さに，周囲が追いつきかねるのが難点。

お茶会三人組

三月うさぎ

三人組のリーダー格。自分の家の庭を会場にいつ終わるとも知れぬお茶会を開いている。

ヤマネ

お茶会に参加しながらも，すきあらばポットの中で居眠りばかりしているのんびり屋。

帽子屋

癇癪もちでおこりん坊なので扱いが難しい面があるが，仲間思いの活動的なメンバー。

ヤマネの７匹の姪

それぞれ誕生日にちなんだ名前をもつヤマネの姪たち。アリスに劣らず好奇心旺盛で様々な問題を持ち込む。

トランプ王室

12人の王侯，40人の兵士，雑用係のジョーカーから成る。ハートの女王の口癖は「首を刎ねよ！」気分屋だが，案外公平でえこひいきはしない。スペードのエースはトランプ王室随一の知恵者。

ハートの女王

白の騎士

チェス王室

赤と白のチェスの駒たち総勢32人からなる。ポーンたちの楽しみは賭け事。白の騎士は，鏡の国を代表する発明家で何の役に立つのか分からない奇妙な装置を考案するのが趣味。

お大尽

妙な性癖を持つ人物で，自分に不利な賭けを持ちかけて負けるという形で施しすることを好む。インドのマハラジャ出身との噂がある。

トウィードルディーとトウィードルダム

喧嘩ばかりしている双子の兄弟。金持ちの伯父がいて，様々なやり方で仲良くすることを学ばせようとするが，対抗心ばかりで協力など思いもよらない。

羊の老婆

鏡の国で客の要望に応じて売り物が変化する奇妙な雑貨屋を営む。白騎士の発明品など品揃えは面白いが，愛想はない。

大工とセイウチ

アリスがディーとダムの双子から聞かされた詩に登場する人物。詩の中での２人の所業にアリスは反感を持っていたが，実は鏡の国では普通に腕の良い職人とその助手である。

モグラ

無限に広い土地の地下を碁盤の目のように仕切って暮らす。無限匹いるということで妙なパズルの種になる。

ハンプティ・ダンプティ

卵に手足がついたような体型を持つ。実際はともかく，鏡の国きっての頭脳だと自認している気のいい人物。

コイン投げで4回連続の表

第147話

アリスとグリフォンがイモムシ探偵局で暇つぶしをしていると，例のマハラジャ出身と噂されるお大尽がまたやって来た。新種の賭け事の相談だという。

お大尽の楽しみの1つは，自分が不利になる賭けを誰彼となく持ちかけては，金品をばらまくことだ。1回のコイン投げごとに賭けてもらうのは飽き

てきたので，連続する何回かのコイン投げに賭けてもらう方法を考えついたらしい。

「今度の賭けはこうじゃ。まず，相手には定額の賭け金を胴元のわしに払ってもらう。それからコインを，事前に決めた条件に達するまで何回も投げてもらう。払い戻しの仕方は何通りも考えられるが，まあ，コインを1回投げるたびに銀貨1枚というところでどうかなと思っておる。つまり，相手は決められた条件に達しない限り何回でもコイン投げができ，相手が得る賞金銀貨の枚数は，条件が達成されるまでに行ったコイン投げの回数ということになる」

「それで，条件とはどんなものを考えているのですか？」と探偵局局長のイモムシに尋ねられたお大尽は「まあ，期待値の計算が簡単なように，『4回連続で表が出る』というのはどうかなと思っておる。それだと，1，2回は表が出てもさほど気にしないだろうが，表が3回連続で出ると，次に表が出ると終わりだから，ヒヤヒヤして結構スリリングで楽しめるだろうし……」と言う。

続けて「そこで賭け金の相談だが，コインを1回投げたときに表と裏が出る確率はどちらも1/2とすると，4回続けて表が出る確率は $(1/2)^4 = 1/16$ だ。そして，19回投げればその中には連続する4回のコイン投げの列が16組含まれる。そこで，条件に達するまでのコイン投げの回数の期待値を19回とすると，それよりやや少ない額，例えば銀貨16枚くらいを賭け金とすれば，胴元のわしがほどよく負けられて，気分がよいと思うのだがどうかの？」と言う。

アリスは「そんな簡単な話かな？」と疑問に思ったが，案の定，お大尽の話を聞いて考えていた探偵助手のグリフォンがおもむろに口を開いた。「うーむ，そんなにうまくはいきませんね。それだと，平均すると毎回賭け金の2倍近くの枚数の銀貨を胴元が支払うことになりますよ。ま，お大尽のあなたは勝ちたいわけではないのだから，それでもよいのかもしれませんが……」。

もちろん，読者にもお大尽の考え方が誤りであることはおわかりだろう。19回のコイン投げには確かに4回連続のコイン投げが16組含まれるが，各組は独立ではないからだ。そこで最初の問題として，4回連続で表が出るまでのコイン投げ回数の正しい期待値を求めていただきたい。

グリフォンの説明を聞いてお大尽も自分の考えの誤りを納得したのだが，もう1つ別のやり方による賭けの期待値を知りたいという。

「東洋の日本という国に百人一首というトランプに似たカードセットがあると聞いたので，1組取り寄せてみた。なんと200枚ものカードからなるセットで，しかも半分の100枚にはカラフルな絵が描いてあり，とてもきれいなものじゃ。その絵付き札100枚を使って遊ぶ子供用ゲームに『坊主めくり』というのがあるのだが，それをそのままやるのは手間がかかるので，先のコイン投げと似たようなギャンブルを考えた。つまり，ギャンブラーは100枚のカードから1枚ずつめくっていき，『坊主』の札が出ると外れで，賭けはそれでおしまい。それまでにめくったカードの枚数と同じ枚数の銀貨をもらえるというものじゃ。この場合，1回の賭けでもらえる銀貨枚数の期待値がどのくらいか，計算できんだろうか？」

「坊主札」の定義には多少の異論やローカルルールがあるようなので，ここでは名前に「法師」か「僧正」という言葉が含まれている札のみを「坊主札」と考えることにして，絵から受ける印象とは無関係ということにしておこう。すると，100枚のカードに含まれる坊主札は12枚というのが，ほぼ定説になる。つまり，100枚のカードを1枚ずつ順にめくっていくとき，12枚の坊主札のうちの1枚が最初に出てくるのは平均で何枚目くらいかというのがお大尽の疑問になる。これを読者への次の問題としたい。

第147話の解答

最初の問題は，4回連続で表が出るまでのコイン投げ回数の期待値だが，方程式を立てて解くのが最も普通の手段だろう。

今，表がk回連続で出たとし，連続4回になるまでにあと何回くらいコインを投げるかという期待値をx_kとする。すると，次のような連立方程式が立てられる。

$$x_0 = 1 + (x_0 + x_1)/2$$
$$x_1 = 1 + (x_0 + x_2)/2$$
$$x_2 = 1 + (x_0 + x_3)/2$$
$$x_3 = 1 + x_0/2$$

例えば2番目の式$x_1 = 1 + (x_0 + x_2)/2$は,「表が1回出た段階でコイン投げを行うと，表が出て表が2回続いた状態になるか，裏が出て振り出しに戻るかのどちらかで，どちらも1/2の確率で起こる」ということを表現している。また，最後の式$x_3 = 1 + x_0/2$は「表が3回続いた状態では，次に表が出ればコイン投げは終了であり，裏が出れば振り出しに戻る」という状況を表す。他の2つの式も同様だ。変数は4つあるものの簡単な形なので，この連立方程式を解くのは難しくはあるまい。

$$x_0 = 30,\ x_1 = 28,\ x_2 = 24,\ x_3 = 16$$

という解が得られる。最初の問題の答えはx_0の値，すなわち30である。

一般にn回表が続いたらやめるという形の賭けの場合，コイン投げの平均回数は，連立方程式

$$x_0 = 1 + (x_0 + x_1)/2$$
$$x_1 = 1 + (x_0 + x_2)/2$$
$$\cdots\cdots$$
$$x_{n-2} = 1 + (x_0 + x_{n-1})/2$$
$$x_{n-1} = 1 + x_0/2$$

を解いて，x_0の値として得られるが，連立方程式の解は上の$n = 4$の場合を一般化して

$$x_0 = 2^{n+1} - 2$$
$$x_1 = 2^{n+1} - 4$$
$$\cdots\cdots$$
$$x_{n-2} = 2^{n+1} - 2^{n-1}$$
$$x_{n-1} = 2^{n+1} - 2^n = 2^n$$

と予想できる。実際にこの解が方程式を満足することは，代入して簡単に確認できる。

連続する表裏の出方が，あるパターンになるまでのコイン投げ回数の期待値を計算するには，通常はこの種の方程式をたてて解くというのが標準的な方法で，近道でもあろうが，パターンが「n回連続で表」というような簡単なものの場合，次のような巧妙な考え方で$x_0 = 2^{n+1} - 2$という結果をアッという間に導くことができる。

お大尽の「n回連続のコイン投げを考えた場合に，表ばかりということは確率$1/2^n$くらいで生じる」という考え自体はまったく正しいものだから，コイン投げを何回も行って，その記録からn回連続のコイン投げをでたらめに取り出した場合，どのパターンも均等に$1/2^n$くらいずつ含まれていると考えられる。したがって，一度n回連続のあるパターンが出たあとで，次にま

た同じパターンが生じるまでの間隔（コイン投げの回数）は平均すると2^nである。今，n回連続で表が出た直後とする。次に同じことが起こるのは何回コインを投げたあとだろうか？　次のコイン投げで表が出たとすると，たった1回でそれが起こったことになる。また，次に裏が出たとすると，振り出しに戻ってしまうから，n回連続で表が出るのはさらにx_0回コインを投げたあと，つまり$1+x_0$回後になると期待される。平均すると$(1+1+x_0)/2$であり，これが2^nに等しいのだから$x_0=2^{n+1}-2$という結論があっさり得られる。

次の坊主めくりの問題もまず正攻法で考えよう。100枚中の「坊主札」12枚の位置には${}_{100}C_{12}$通りの可能性がある。そのうち最初の坊主札がi番目であるのは，全部で$100-i$個あるi番よりあとの位置を他の11枚の坊主札が占めるわけだから${}_{100-i}C_{11}$通りの可能性がある。よって求める期待値は

$$E=\frac{\sum_{i=1}^{89}(i\times{}_{100-i}C_{11})}{{}_{100}C_{12}}\quad\cdots\cdots①$$

と計算できるが，実は，この式の分子は${}_{101}C_{13}$に等しいことがわかる。なぜなら${}_{101}C_{13}$を一列に並んだ101個のものの中から13個を選ぶ組み合わせの総数と考えると，選んだ13個のうち左から2番目として$i+1$番を選ぶやり方は，1番からi番までのi個の中から1番左のものを選び，$i+2$番から101番までの$100-i$個の中から「左から3番目以降の11個」を選ぶことになり

$$i\times{}_{100-i}C_{11}$$

通り存在するからである。左から2番目として何番を選ぶかをすべて考えると，結局，式①の右辺の分子が得られ，それは${}_{101}C_{13}$に等しいということになる。よって期待値は

$$E=\frac{{}_{101}C_{13}}{{}_{100}C_{12}}=\frac{101}{13}$$

となる。

一般に，よくシャッフルされたn枚のカードの中にk枚の坊主札がある場合，順にめくっていって坊主札に出合うまでにめくらねばならない枚数の期待値は（$n+1$）/（$k+1$）である。

この結果は上のように考えれば正攻法でも得られるのだが，もっと簡便に導くこともできるので，それを述べよう。坊主でない札を1枚だけ取り上げ，その1枚がどの坊主札よりも先にめくられる確率を考える。それが$1/(k+1)$であることに異存はあるまい。坊主でない札は$n-k$枚あるから，全体では（$n-k$）/（$k+1$）枚の「非坊主札」がどの坊主札よりも先にめくられると期待される。よって，最初の坊主札がめくられたときには，この坊主札自身をそれに加えて，合計

$$\frac{n-k}{k+1}+1=\frac{n+1}{k+1}$$

枚がめくられていると期待される。

電球スイッチの奇妙な設定

第148話

鏡の国の博物館に白の騎士の奇妙で風変わりな発明品がまた1つ加わったという噂を耳にし，アリスはヤマネやその姪たちと連れ立って，どんなものかと見学にやって来た。博物館では白の騎士がご満悦の顔で一行を迎える。自ら自慢の工夫を語ろうという魂胆が丸見えだ。

「今度の発明品は？」とヤマネが見ると，自分がかつて電球を点灯させるのに苦労したスイッチつき回転テーブルに似ていないこともない（第81話「回転テーブルとスイッチ」，『数学パズルの迷宮　パズルの国のアリス2』）。テーブルに10個の電球が並び，それらがテーブルの端のスイッチにつながっている。

白の騎士が説明する。「スイッチも電球もたくさんありますが，1つのスイッチが1つの電球に1対1に対応するようにはなっていません。どのスイ

ッチもいくつかの電球のオン・オフ状態をまとめて切り替えることができるように設定できます。例えば，1つのスイッチで10個すべての電球の状態を一斉に切り替えるようにすることもできます。では，なぜスイッチがたくさんあるのかというと，1つだけでは同じ電球のセットを一斉に切り替えることしかできないので，複数のスイッチ操作を組み合わせることによっていろいろな点灯パターンを作れるようにしてあるというわけです」（右ページの図参照）。

「フーン」と感心したアリスが「では，どんな点灯パターンでも作れるのですか？」と問うと，白の騎士は「それはスイッチの設定次第ですな」と言う。「例えば，スイッチが2つだけでは4パターンしか作れないのは自明でしょう。それに，スイッチがたくさんあっても設定がうまくないと，当然作れないパターンが生じます」。そして，さも自慢げな顔で「幸い，いまはすべてのパターンが作れるように各スイッチが設定されていますので大丈夫です」と言う。

すると，サンデイが「じゃあ，電球に番号がついていますけど，奇数番の1，3，5，7，9だけを点灯させることもいまの設定でできるんですね。やってみてもらえますか？」と言う。具体的な要求が来たのは初めてらしく，白の騎士はたじたじとなり，「ちょっとお待ちを……」と言ったきり考え込んでしまった。なかなか実演してくれないので，業を煮やした見学者たちが「本当にできるんですか？　1つの点灯パターンを作るのにそんなに考え込まねばならないのでは，電球とスイッチが1対1に対応していたほうが簡単じゃないかしら」と問い詰めると，白の騎士は「いや，1個以上のどんな電球のセットに対しても，一連のスイッチ操作をうまくやれば，その中の奇数個の電球の状態を変えられることを確認してあるので，大丈夫なはずなのですが……」と言い訳する。

「ええっ？」とアリス。「そんな変な条件が満たされていると，どうしてすべてのパターンが作れるのかしら？　さっぱりわからないわ。それより1番から10番までの各電球のオンとオフを単独で切り替えるための操作の表でも作っておけば，よほど役に立つでしょうに」。

確かに，単独切り替え操作表はいろいろな点灯パターンを作るために実際にどのような操作をすればよいかを考えるうえで有用であろうが，実は白の騎士の発言も誤りではない。読者には，白の騎士が言った条件が満たされているなら，どんなパターンも必ず作れることを証明していただきたい。

白の騎士が言った条件はちょっと複雑なので，念のために確認しておこう。1個以上からなる電球の任意のセットに対して一連のスイッチ操作がなにがしかあって，それによってセットの中の奇数個の電球の状態が切り替わるというものだ。ただし，セット外の電球については，その操作によって状態が変化しようがしまいがかまわない。

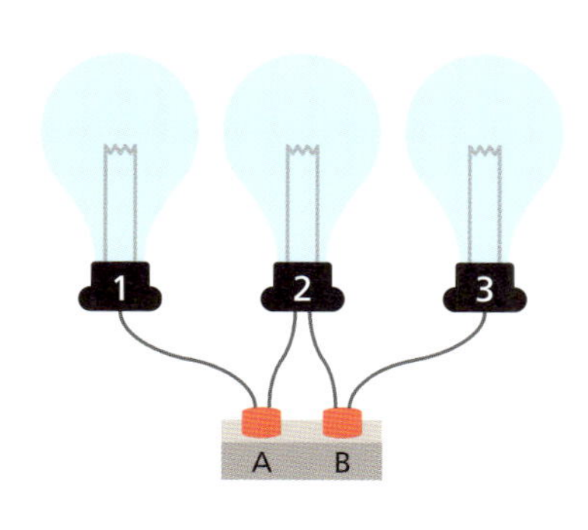

スイッチについての補足

左図のように3個の電球と2つのスイッチが接続されており，どの電球もオフ（消灯）状態であるとする。このとき，スイッチAを押すと電球1，2がオンになる。続いてスイッチBを押すと電球2はオフになり，電球3はオンになる。このようにスイッチは接続している電球のオン・オフ状態を切り替えるものであって，接続している電球を一斉にオンにする，あるいはオフにするものではない。

第148話の解答

どんな点灯パターンも作れることを証明するには，逆にどんな点灯パターンからもすべての電球を消すことができることを証明すれば十分である。a_iを第i番の電球とする。$A \subset \{a_1, a_2, \cdots, a_{10}\}$ を任意の電球セットとし，それがどんな点灯状態であっても，ある一連のスイッチ操作によってA内の電球すべてを消灯できることを示そう（A外の電球については，操作によってそのオン・オフ状態がどう変わろうと気にしないことにする)。これを示すことができれば，$A=\{a_1, a_2, \cdots, a_{10}\}$ の場合を考えることで，すべての電球を消すことができることは自明であろう。

証明はAの要素数$\#A$についての帰納法による。

$\#A=1$，すなわちAが1点集合 $\{a_i\}$ の場合，電球a_iが消えていれば，何も操作しなくてよい。もし電球a_iが点灯しているなら，A中の奇数個の電球，すなわちa_iの状態を切り替える操作を行えばよい。

$\#A>1$の場合，帰納法の仮定として，要素数が$\#A$未満の集合BについてはBに属する電球をすべて消灯する操作はわかっているものとしよう。A内の電球で点灯しているものの数をkとする。kは偶数と考えてもよい。そうでなければ，最初にA内の奇数個の電球を切り替える操作を行うことで，点灯している電球の数kを偶数にできる。$k=0$ならば何も操作する必要はない。

$k \neq 0$ならば，点灯している電球を2つずつ対にして $\{a_{i_1}, a_{i_2}\}$，$\{a_{i_3}, a_{i_4}\}$，$\cdots$，$\{a_{i_{k-1}}, a_{i_k}\}$ とする。集合$B_1=A\backslash\{a_{i_1}\}$（つまり，$B_1$は集合$A$から要素$a_{i_1}$を除いた集合）と$B_2=A\backslash\{a_{i_2}\}$ に対して，帰納法の仮定を適用して，B_1とB_2の電球をすべて消灯する操作をそれぞれP_1とP_2とする。操作P_1を行った結果，もし電球a_{i_1}も消えていれば，操作P_1によりA内の電球が全部消えたことになる。また，操作P_2を行った結果，もし電球a_{i_2}も消えていれば，操作P_2によりA内の電球が全部消えたことになる。

どちらでもないときは，P_1のあとに続けてP_2をやってみよう。少し考えるとわかるように，この操作の結果，Aの中ではa_{i_1}とa_{i_2}だけが消え，点灯している電球はa_{i_3}，a_{i_4}，…，$a_{i_{k-1}}$，a_{i_k}となる。なぜなら，それらは操作P_1でいったん消灯するが，P_2で再び点灯するからである。こうして，順次，同様な操作を繰り返すことで，Aの中で点灯している電球は2個ずつ減っていき，いつかは0個となる。

赤白のポーンたちの写真撮影

第149話

第136話「ポーンたちの背比べ」(『数学でピザを切り分ける！　パズルの国のアリス4』）では，赤のポーンたちの“賭け事なし”晩餐会に白のポーンたちがなだれ込んできて大宴会に発展した話をしたが，この晩餐会も次第に定着してきて，このごろは初めから赤白のポーン全員が仲良く揃って開かれるようになった。

会の最後に行う16人全員の記念写真撮影も定番のイベントになった。何度か述べてきたようにポーンたちの身長は微妙に異なり，全員を集めて身長順に並べると等差数列になる。そこでまず，全員が身長順に並んで撮影し，なだらかな直線が浮かび上がった写真を鑑賞する。一方で，2回目の撮影ではランダムに並んでその不規則性を楽しむことが多い。

あるとき，1回目の撮影後にポーンの1人が妙な疑問を口にした。「俺たちって，どのくらいでたらめに並べるんだろう？」

別のポーンが言う。「なんだ，その『どのくらい』ってのは？　でたらめはでたらめであって，どのくらいもへったくれもないだろう」。

すると最初のポーンが「いや，でたらめの度合いを測るってのは，本当は俺にもよくわからん。だけど，例えばこういうのはどうかな？」と提案する。「さっき撮影したときみたいに俺たち全員が背の順に並ぶと，長さ16の減少

列または増加列ができる。ランダムに並んだ場合でも，途中を適当に省いて考えると単調列にできる。そのような単調部分列で一番長いものの長さを元のランダム列の『でたらめ度』と考えるのは？　それが短いほど元の列のでたらめ度が高いとすると，俺たちはどのくらいでたらめに並べるかな？」

読者のみなさんはこのポーンの疑問がおわかりだろうか？　今，16人のポーンを適当に並べ，その身長を左からa_1，a_2，…，a_{16}とする。このとき$i_1 < i_2 < \cdots < i_k$なるインデックスi_1，i_2，…，i_kで$a_{i_1} < a_{i_2} < \cdots < a_{i_k}$または$a_{i_1} > a_{i_2} > \cdots > a_{i_k}$となるものを「単調部分列」と呼び，$k$をその部分列の「長さ」と呼ぶ。16人の列が含む最長の単調部分列をどこまで短くできるかというのがこのポーンの疑問だ。

16人のポーンの身長は（等差数列を作るのだから）全員異なるが，うまく並べれば，この最長の単調部分列の長さを4以下に抑えることが可能である。そこで，読者にはまず，長さ5の単調部分列を含まないように16人を並べていただきたい。次に，もしこの16人にもう1人加わって17人になったとしたら，長さ5の単調部分列を含まないように17人を並べることは不可能であることを証明してほしい。ただし，新しく加わる1人は他の16人の誰とも身長は異なるものとする。

第149話の解答

最初の「長さ5の単調部分列を含まないように16人を並べる」問題は，いきなり答えを与えて，読者のみなさんにそれを検証していただこう。

ポーンを身長の小さいほうから順にP_1，P_2，…，P_{16}とすると，例えばP_4，P_3，P_2，P_1，P_8，P_7，P_6，P_5，P_{12}，P_{11}，P_{10}，P_9，P_{16}，P_{15}，P_{14}，P_{13}と並べると，長さ5の単調部分列を含まない。他の並べかたもあるが，一般にn^2人の場合，このように身長順にn人ずつn個のグループを作って同様に並べれば，それが長さ$n+1$の単調部分列を含まないことは納得していただけるだろう。

逆に$m>n^2$のとき，m人を並べて長さ$n+1$の単調部分列を含まないようにすることは，全員の身長が異なれば不可能である。よって，$m=17$で全員の身長が異なれば，長さ5の単調部分列を必ず含むことになる。これを証明するのが次の問題だ。

それがなぜかを考えるには，任意に与えられた数列a_1，a_2，…，a_mの中から最長の単調部分列とその長さを探し出すアルゴリズムの1つが参考になるかもしれない。それは次のようなものである。左からk番目の要素が最後になるような最長の増加部分列の長さを$U(k)$と書き，同様に左からk番目の要素が最後になるような最長の減少部分列の長さを$D(k)$と書こう。このとき$U(k)$と$D(k)$は帰納的に次のように計算できる。

$$U(k)=\max\{U(i)\mid i<k \text{かつ} a_i<a_k\}+1$$
$$D(k)=\max\{D(i)\mid i<k \text{かつ} a_i>a_k\}+1$$

ただし$\max\emptyset=0$とする。したがって$U(1)=D(1)=1$である。このアルゴリズムのアイデアは難しくはない。例えばUで説明すると，a_kより左に列を探しにいき，$a_i<a_k$で$U(i)$が最大のものがあれば，長さ$U(i)$の増加

部分列$a_t < a_s < \cdots < a_i$（$t < s < \cdots < i$）が存在するから，その後ろにa_kをくっつけて，長さ$U(i)+1$の増加部分列$a_t < a_s < \cdots < a_i < a_k$を作るというものだ。$D$も同様である。

$U(k)$と$D(k)$をすべての$k=1, \cdots, m$について計算してしまえば，問題の最長の単調部分列を見つけだすには，その中から最大の$U(k)$または$D(k)$を取り，それが示す増加部分列または減少部分列を取り出せばよい。

このアルゴリズムは，素朴に実装しても，記憶容量はmに比例する量，計算時間はm^2に比例する時間で実行できるから，悪くないものだ。この種の「元の問題をよりサイズの小さい部分問題に帰着し，その結果を記録しておいて，それを利用して元の問題を解く」という形になっているアルゴリズムは，一般に「動的計画法」と呼ばれ，計算機で問題を解く場合の常套手段の1つになっている。最長の単調部分列を見つけるためのアルゴリズムは，動的計画法の代表例といえよう。

ちなみに，このアルゴリズムを先のポーン列P_4，P_3，P_2，P_1，P_8，P_7，P_6，P_5，P_{12}，P_{11}，P_{10}，P_9，P_{16}，P_{15}，P_{14}，P_{13}に適用すると，下の表のようになり，$U(k)$と$D(k)$のどこにも5以上の数値は現れないから，長さ5の単調部分列は含まれていないことがわかる。

さて，異なる数値からなる列は，n^2よりも長ければ，nよりも長い単調部分列を必ず含むが，そのことへのヒントは，上の表のUとDを眺めていれば気づくかもしれない。ポイントは$j < k$なる2つのインデックスjとkを見た場合，$U(j) < U(k)$または$D(j) < D(k)$が成り立つことである。少し考えてみれば，これは当たり前だ。$a_j \neq a_k$だから，$a_j < a_k$または$a_j > a_k$だが，

k	1	2	3	4	5	6	7	8	9	10	11	12	13	14	15	16
k番目のポーンの身長順	4	3	2	1	8	7	6	5	12	11	10	9	16	15	14	13
$U(k)$	1	1	1	1	2	2	2	2	3	3	3	3	4	4	4	4
$D(k)$	1	2	3	4	1	2	3	4	1	2	3	4	1	2	3	4

定義より前者ならば $U(j) < U(k)$ だし，後者ならば $D(j) < D(k)$ である。

以上から，異なる j と k に対して $U(j) = U(k)$ かつ $D(j) = D(k)$ となることはないことがわかる。もし $D(1)$，$U(1)$，$D(2)$，$U(2)$，…，$D(m)$，$U(m)$ の中に n よりも大きい数が現れなければ，$D(k)$ も $U(k)$ も 1，2，…，n のどれかということになる。しかし，対（$D(k)$，$U(k)$）の可能性は n^2 種類しかない。したがって，$m > n^2$ ならば，ある異なる j と k があって，$U(j) = U(k)$ かつ $D(j) = D(k)$ ということになり，上でみてきたことに反する。

電子コイン投げ機

第150話

珍しく，お茶会3人組が揃ってイモムシ探偵局にやって来た。探偵助手のグリフォンに相談事があるという。

居合わせたアリスとイモムシも一緒に話を聞いてみると，また鏡の国の白の騎士の奇妙な発明品がらみのことだ。賭け事やゲーム好きの3人組，いろいろな場面でサイコロを振ったり，コインを投げたりする。それぞれの目が

出る確率を自由に設定できるサイコロがあると便利だという話になり，鏡の国を訪問したときに発明家として名高い白の騎士に相談してみたという。

白の騎士は思いのほか商魂たくましいようで，「確かにそのようなサイコロがあれば，賭け事が大好きな鏡の国の国民性を考えても，大ヒット商品になること間違いなし」と考え，早速，試作品を作って3人組に送ってきた。

とはいっても，いきなり電子サイコロ機を作るのは，機構が複雑で，白の騎士にとっても大変なので，まずは表裏の出る確率を自由に設定できる電子コイン投げ機を試作してみたという。確率p（$0 \leqq p \leqq 1$）をセットしてボタンを押すと，ディスプレーに「表」または「裏」と表示され，「表」になる確率がちょうどpになるというものだ。この試作品を3人組にテスト使用してもらい，改善点などを洗い出したうえで，さらに頑張って電子サイコロや電子ルーレットにまで拡張して売り出せば，それこそ自分の代表的発明品に

なるだろうという思惑らしい。

さて，テスト使用を依頼された3人組，その試作品を使って最初に何を賭けようかと相談した結果，その試作品自体の所有権を賭けようということになった。だが，3人が1/3ずつの確率で所有権を得るようにするには，1回のコイン投げでは決められない。

そこで考えたのは，まず「表」の確率を1/3にセットして，コイン投げを行う。そこで「表」が出たらヤマネが所有権を得ることにして，「裏」が出たらもう1回コイン投げを行う。2回目は「表」の確率を1/2にセットして，「表」が出れば三月ウサギ，「裏」が出れば帽子屋が所有権を得る。確かにそれなら平等だということで，実際にやってみようということになった。

だがそのとき，試作品に白の騎士からのメッセージが同封されていたことを思い出した。いわく「これは試作品ですので，表が出る確率を一度セットするとその値で繰り返し使えますが，別の値にセットし直すには，こちらに一度送り返してもらう必要があります。こちらでリセットしますと，新しい値をセットできるようになります」。

確率の設定を変えるためにいちいち送り返すのは面倒だ。そこで，3人組が次に考えた方法は，確率設定は1/2に固定しておき，コイン投げを2回続けて行う。「表表」と出ればヤマネが，「裏表」と出れば三月ウサギが，「裏裏」と出れば帽子屋が所有権を獲得する。「表裏」の場合はアイコ（勝負なし）ということにしてコイン投げをやり直すというものだ。なるほど，この方法もやはり平等で，アイコがそう何度も続くこともないだろうから，そのうち決着がつくと思える。

ところが，白の騎士からのメッセージにはさらに続きがあり，「試作品は充電量に問題があります。5回までのコイン投げなら確実に動作しますが，それ以上になるとちゃんと動作するかどうか保証できません」という。ということは，連続2回のコイン投げでアイコが続くと，充電量が足りなくなり，ちゃんと機能しなくなるかもしれない。そうなると，やはり白の騎士に送り返して充電してもらわねばならない。

というわけで，3人組の相談は，確率設定は1種類だけで，5回以内の電子コイン投げによって確実に勝者を定める手段はないかということだ。もちろん3人それぞれが勝つ確率は1/3だ。うまい方法があるだろうか？　あるならその方法を示し，ないならそのことを証明していただきたい。

第150話の解答

実は，電子コイン投げ4回で勝者を決める方法が存在する。

その手段だが，まず，コイン投げをn回行って起こりうる結果は2^n通りあることに注意しておこう。細かく分類すると，n回のうち，「表」がk回，「裏」が$n-k$回になるパターンは${}_nC_k$通りある。各回とも「表」が出る確率は一定で変えられないということだから，それをpとすると，「表」がk回，「裏」が$n-k$回のどのパターンもそれが起こる確率は$p^k(1-p)^{n-k}$である。ゆえに，それぞれのパターンをヤマネ，三月ウサギ，帽子屋に振り分けて起こる確率の合計が3人とも1/3になるようにすればよい。

$n=4$のときは，$k=0$と$k=4$の場合（すなわち全部が「裏」と全部が「表」の場合）を除き${}_nC_k$が偶数であることに気づけば，比較的，簡単にこの振り分けが可能である。要は，全部が「裏」と全部が「表」の場合をヤマネに割り当ててその確率の合計を1/3にすることができれば，残りのパターンを三月ウサギと帽子屋に均等に分割すればよい。実際，これは可能だ。4回すべてが「表」または「裏」の確率は，$p=1/2+q$（$-1/2 \leqq q \leqq 1/2$）とおけば

$$(1-p)^4+p^4=(1/2-q)^4+(1/2+q)^4=2q^4+3q^2+1/8$$

であるが，これが1/3になるには

$$q=\pm\sqrt{\sqrt{\frac{2}{3}}-\frac{3}{4}}\approx\pm 0.25787$$

であればよい。よって，「表」が出る確率を$p=1/2+q$（およそ0.75787か0.24213）に設定して4回のコイン投げを行い，「表表表表」または「裏裏裏裏」と出ればヤマネの勝ちとする。それ以外の場合は，同じ回数の「表裏」の組み合わせを均等に三月ウサギと帽子屋に振り分ける。例えば，表が1回

のパターンなら，「表裏裏裏」「裏表裏裏」は三月ウサギの勝ち，「裏裏表裏」「裏裏裏表」は帽子屋の勝ちとする。表と裏が2回ずつのパターンなら，「表裏裏表」「表裏表裏」「表表裏裏」を三月ウサギの勝ち，「裏表表裏」「裏表裏表」「裏裏表表」を帽子屋の勝ちとする。表が3回のパターンなら,「表表表裏」「表表裏表」を三月ウサギの勝ちとし，「表裏表表」「裏表表表」を帽子屋の勝ちとする。このように定めることで3人の勝率をすべて1/3にすることができる。

もっとバランスの取れた解がお好みなら，「表表表表」と「裏裏裏裏」に加え「表表裏裏」と「裏裏表表」〔どちらも確率$p^2(1-p)^2$〕をヤマネの勝ちとし，それ以外を三月ウサギと帽子屋で均等に分けることもできる。その場合，上と同様の方程式を立てて解けば，「表」の確率を

$$p=\frac{1}{2}\pm\sqrt{\sqrt{\frac{1}{12}}-\frac{1}{4}}\approx 0.69666 \text{ または } 0.30334$$

に設定すればよいことがわかる。

3回以下のコイン投げで同じ目的を確実に達成する方法があるかどうかを筆者は知らないが，おそらく不可能と思う。逆に5回のコイン投げでなら，同じ目的を達成するのにもっといろいろな方法がありそうだが，いずれにせよ上の手段よりはだいぶ複雑で面倒なことになりそうだ。このあたり，他にどんな手段があるかや，その長短の検討は読者にお任せしよう。

盗み見の効用

第151話

少しおっちょこちょいの「アマビエ」について前に述べたことがあるが（第141話「少しそそっかしい“アマビエ”」，『数学でピザを切り分ける！パズルの国のアリス4』），これ以外にも妙な妖怪が不思議の国には出没する。「千里眼見習い」もその1人だ。アマビエのようによいことをするように心がければよいのだが，今回はトランプ城の雑用係ジョーカーにくみして，ケチ

な賭けでのズルに協力しようと申し出た。

賭け自体はひどく単純だ。ごく普通の（ジョーカーを除く）52枚のトランプカード1組を用意する。相手がそれをよくシャッフルした後，裏向きに置く。その一番上のカードが黒（クラブとスペード）か赤（ダイヤとハート）かをジョーカーが当てるというものだ。当たれば，ジョーカーは銀貨1枚を獲得し，外れれば逆に1枚を失う。

ジョーカーはカード自体にはさわることがないので，何も仕掛けることはできない。しかし，そこは「千里眼」である。「見習い」なので全カードの透視はできないが，妖力を使って一番下のカードを盗み見ることができるという。それをジョーカーにこっそり伝えれば，ジョーカーは賭けを有利にできるはずというわけだ。

もちろん，「見習い」などというケチな妖怪のことだから，その情報がタダということはない。そこで読者に考えていただきたいのは，その情報の価値である。一体，いくらまでなら，対価を払ってもその情報を手に入れる価値があるだろうか？

さらに，もし一番下のカードに加えて下から2枚目のカードも盗み見ることができるとしたら，その追加情報にはどのくらい価値があるだろうか？

さらに，下から3枚目のカードの情報が加わったとしたら，その追加価値はどのくらいだろうか？

第151話の解答

最初の問題，すなわち一番下のカードについての情報の価値は，特別な工夫をせずとも，普通に計算して答えが得られる。

仮にそのカードの色が赤だったとしよう。すると，残り51枚の内訳は，赤が25枚で黒が26枚である。色を当てなければならないカードは一番上のもので，51枚のカードのうちの1枚という以外の情報はない。カードはよくシャッフルされているから，赤よりは黒と推測するほうが少しだけ当たる確率は高くなるが，それ以上にはやりようがない。黒と推測した場合にジョーカーが獲得する銀貨の枚数の期待値は

$$1 \times \frac{26}{51} + (-1) \times \frac{25}{51} = \frac{1}{51}$$

である。一番下のカードの色が黒だった場合も同様で，この場合は赤と推測することにより，同じ期待値を得る。結局，一番下のカードの情報から得られる銀貨枚数の期待値は，どちらの場合も1/51であり，銀貨1/51枚がこの情報の価値である。

一般に赤と黒のカードがそれぞれn枚ずつでこの賭けをやるなら，一番下のカードの色を知るということの価値は銀貨$1/(2n-1)$枚ということになる。

では，下から2枚のカードについての情報の価値はどうだろうか？　後で述べるように，この答えは複雑な計算なしに簡単な推論で得られるのだが，ここではあえて赤と黒n枚ずつの一般の場合を正攻法できちんと計算してみよう。

その2枚がともに赤だったとしよう。すると残りは，$2n-2$枚のうち，黒がn枚，赤が$n-2$枚だから，黒に賭けることによってジョーカーが獲得する銀貨の枚数の期待値は

$$1 \times \frac{n}{2n-2} + (-1) \times \frac{n-2}{2n-2} = \frac{1}{n-1}$$

となる。2枚がともに黒だった場合は，赤に賭けることで，同じ期待値が得られる。

2枚が赤と黒だったとしよう。この場合，残りは赤黒とも$n-1$枚ずつだから，どちらに賭けても期待値は明らかに0だ。

2枚がともに赤になる確率は

$$\frac{{}_nC_2}{{}_{2n}C_2} = \frac{n-1}{2(2n-1)}$$

であり，ともに黒になる確率も同じだから，結局，全体の期待値は

$$\frac{1}{n-1} \times \frac{n-1}{2(2n-1)} + \frac{1}{n-1} \times \frac{n-1}{2(2n-1)} = \frac{1}{2n-1}$$

となり，一番下のカードだけを知った場合と同じであることがわかる。したがって，一番下のカードの色がわかっている場合には，下から2番目のカードの色を知るためにいかなる対価も払うべきではない。

実は，この結論が得られるのは偶然ではない。もともとのカード全体の枚数が赤黒同数だった場合，奇数枚のカードについての色情報が得られているときに，さらにもう1枚の色情報を得ても，（それが当てるべき問題のカード，つまり一番上のカードの色でない限り）役に立たないからである。なぜなら，カードのうち奇数枚の色がわかっているとき，まだわかっていない残りのカードの色が赤黒均等に分かれていることはないから，その場合に賭けるべき色は決まっている。さらにもう1枚の色がわかっても，それが推測に影響するのは，残りのカードの赤と黒の割合が均等になった場合だけだが，その場合，どちらに賭けようと期待値は0だから，奇数枚のカードについての情報しかないときの決断どおりに賭けても期待値は同じであり，わざわざ変える

理由にはならないからだ。

では，3枚目の色情報の価値はどうだろうか？　これは，すでにわかっている2枚が赤と黒1枚ずつだった場合にどちらに賭けるべきかの指針を与えてくれるので，有用なはずだ。その場合に期待値がどう変化するかだけを計算してもよいのだが，3枚がどういうふうに色分けされているかに応じて，先と同様に計算してみよう。カードは赤n枚と黒n枚の計$2n$枚とする。わかっているカード3枚がすべて赤となる確率は

$$\frac{{}_{n}C_{3}}{{}_{2n}C_{3}}=\frac{n-2}{4(2n-1)}$$

であるが，そのときは，黒に賭けることによってジョーカーが得る銀貨枚数の期待値は$3/(2n-3)$になる。また，わかっているカードのうち2枚が赤で1枚が黒となる確率は

$$\frac{{}_{n}C_{2}\times{}_{n}C_{1}}{{}_{2n}C_{3}}=\frac{3n}{4(2n-1)}$$

であり，そのときは，黒に賭けることによってジョーカーが得る銀貨枚数の期待値は$1/(2n-3)$になる。黒3枚の場合，黒2枚と赤1枚の場合もそれぞれ同様だから，細部の計算は読者にお任せすることにすると，結局，総合的な期待値は

$$\frac{3n-3}{(2n-1)(2n-3)}$$

ということになる。つまり，すでに1枚または2枚の色がわかっているときに，さらに情報を得て計3枚の色がわかるということは，期待値としては

$$\frac{3n-3}{(2n-1)(2n-3)}-\frac{1}{2n-1}=\frac{n}{(2n-1)(2n-3)}$$

の増加につながり，これがその情報に見合う対価ということになる。

これはnによって異なる。$n = 26$の場合，2枚目の情報には何の価値もないが，もし3枚目も教えてくれるというなら，その情報は銀貨にして$26 \div (51 \times 49) \approx 0.0104$枚くらいの価値がある。もし$n = 2$なら，1枚目の情報には銀貨1/3枚の価値があり，2枚目の情報には何の価値もないが，3枚目のカードもわかるということは一番上のカードがわかるということに他ならないので，その追加情報の価値は銀貨2/3枚ということだ。

勝率の履歴

第152話

例のマハラジャ出身と噂されるお大尽がまたイモムシ探偵局にやって来た。今回は，相談ではなく，先日の相談事（第147話「コイン投げで4回連続の表」，本書10ページ）のお礼と報告ということのようだ。

「いや，あの時のアドバイスは助かりましたぞ。わしは，賭け事は一種の施しと思ってやっているので，負けるのはかまわんのじゃが，あまりに多額を少数の人だけに与えるのも嬉しくないものでのう。ところで，せっかくアドバイスをもらったのに，複雑な賭けだと相手が有利であっても警戒されることが多いので，最近はまたシンプルにサイコロの目だけに賭けるというこ

とが多くなっておる。とくに鏡の国の赤の僧正（ビショップ）は，聖職者のくせに妙に賭け事に熱心な奴で，正八面体のサイコロの目の1つに賭けるのが好きだ。僧正の予想が外れればわしが銀貨1枚を得，当たれば銀貨8枚を僧正に支払うということにしておる」

探偵助手のグリフォンは急いで計算し，「なるほど，その賭けを8回やると，お大尽にとって平均で銀貨1枚の赤字になるということですね。ちょうどいいくらいの負け方というわけですな」。

「そうじゃ。僧正とは結構長くその賭けを続けているので，別に奴を疑うわけではないのだが，サイコロが歪んでいないかちょっと確かめようと思って先々月の途中から勝率の履歴をとってみた。そしたら，ちょっと奇妙な状況になっているのだ。先々月の間は僧正の勝率が1/8を下回っていたが，先月に入っていきなり1/8を超え，先月の間はずっと1/8より高かった。ところが今月に入って急に1/8より下がってしまい，以降，そのままだ」。

「勝率がちょうど1/8近辺をゆっくり行ったり来たりというのは，まあ，よくあることですね。ちょうど月の境目で平均値を跳び越えるというのは珍しいかもしれませんが，サイコロは歪んでいないでしょうし，僧正が何らかのズルをしている可能性はほとんどないですね」と言ったところでグリフォンは急に不審そうな顔になり「待てよ，勝率はいつも先々月からずっとの累計で計算しているんですよね？」

お大尽が「そうじゃ」と答えると，「それはおかしいですね。どこかで計算間違いをしていませんか？」とグリフォンは言う。「えっ」と驚いたお大尽，勝率履歴を計算し直してみると確かに間違いが1カ所見つかった。ここで読者への問題だが，その間違いとはどこだろうか？　また，グリフォンにはどうしてそのことがわかったのだろうか？

第152話の解答

今回の問題は，多少，引っ掛けっぽいところがあって恐縮である。グリフォンがおかしいと思ったのは，勝率が上から1/8を通過するときに，ピッタリ1/8の値を一度もとることなしにその値を跳び越えてしまっている点である。

勝率が連続的に変化するものであるなら途中のすべての値をとらねばならないということは，いわゆる「中間値の定理」より自明であろうが，ここでの勝率履歴は明らかに離散値をとるから，途中でピッタリ1/8という値にならなくてもよいように思われるかもしれない。実際，これが3/8というような値であれば，勝率履歴がその値を跳び越して上下するということは十分にありうる。

ところが1/8の場合，勝率履歴がその値を上から跳び越していきなりそれより小さい値になるということはありえない。だから，ある月の最後の時点の勝率が1/8より大きくて，翌月の最初の賭けが終了した時点での勝率が1/8未満ということは決して起こらない。よって，もしほかの時点での勝率の計算が正しいならば，このどちらかの勝率はピッタリ1/8にならねばならない。このことは簡単な計算で証明できる。

お大尽の言うことが正しく，ある月の月末時点での僧正の勝率が1/8より大きかったとしよう。その時点までの賭けの累計回数をnとし，そのうち僧正が勝った回数をkとすると

$$k/n > 1/8$$

である。

さて，その翌月の最初の賭けで僧正の勝率が下がったわけだから，その勝負で僧正は負けたわけであり，その時点での勝率は$k/(n+1)$に変化する。これが1/8未満，すなわち

$$1/8 > k/(n+1)$$

ということがありうるだろうか？　上の2つの不等式の分母を払って整理すると

$$n+1 > 8k > n$$

が得られるが，nと$n+1$は隣り合う整数だから，その間に$8k$という別の整数が挟まることはありえないので，矛盾である。

以上のことは，証明から簡単に読み取れるように，1/8以外にも一般の単位分数$1/M$（Mは正の整数）でいえる。すなわち，勝率がだんだん下がっていく場合，途中に$1/M$という値があれば，（中間値の定理のように）ピッタリ$1/M$という勝率を必ず経過する。逆に勝率がだんだん上がっていく場合，途中に$(M-1)/M$という値があれば，ピッタリ$(M-1)/M$という勝率を必ず経過する。

これらのことは，不等式を持ち出さなくとも，次のような状況を考えると直観的に納得できるかもしれない。

負けると銀貨1枚を支払い，勝つと銀貨$M-1$枚を獲得するという賭けで，最初は黒字だったのにだんだん負けが多くなり，ついに赤字になったとしよう。銀貨は，賭けに勝って増えるときは一度に複数枚増えるが，負けて減る場合は常に1枚ずつ減るから，黒字からいきなり赤字になることはなく，必ずいったん損得なしの状態を経過する。このときの累計の勝率はピッタリ$1/M$である。

子蜘蛛のジャンプ練習

第153話

以前にヤマネの7匹の姪たちが飼っているペットの蜘蛛の話をしたが，早いものでそのペットたちも代替わりをしているという（第132話「蜘蛛たちのジャンプ力」，『数学でピザを切り分ける！　パズルの国のアリス4』）。アリスはその様子を見に訪ねてみた。

サンデイが出迎えた。「生まれて間もない子がいて，ちょうど庭でジャンプの練習中なのよ。その子のおじいちゃんとおばあちゃんが総出で練習につき合っているわ」と言う。アリスの怪訝そうな顔を見て，「いや，その子の親だって，別にネグレクトしているわけではないのよ。どこかで網を張って食料調達に忙しいの。あたしたちだって，ペットに十分に餌を与えているんだけど，やっぱり生餌のほうがおいしいのかしら」と続ける。

アリスがサンデイとともに庭に出てみると，確かに5匹の蜘蛛が庭に散っていて，その周囲でサンデイの姉妹たち6匹がやんやの喝采を送っている。なかにいかにも生まれてあまり日が

たっていないと思われるとても小さい蜘蛛がいて，それを4匹の年寄り蜘蛛が遠巻きにしている。その4匹はちょうど正方形の四隅の位置を占めていて，それぞれが子蜘蛛と細い1本の糸でつながっている。

アリスが見ていると，子蜘蛛がぎごちない動きながらも一生懸命に跳び上がった。すると，周囲の4匹のうちの1匹が強く糸を引き，子蜘蛛を自分のほうに引き寄せた。第132話で述べたように，ジャンプしたのが大人の蜘蛛であれば，引き寄せた蜘蛛を跳び越え，反対側に着地するのが普通だが，この子蜘蛛の場合は，ジャンプ力が十分ではなく，引いた祖父母の位置を越えることなくその手前の地点に着地した。

マンデイが，祖父母たちが形成する正方形内の一点を指さしてアリスに言う。「ほら，あそこに小さい虫がいるでしょ。動かないけど死んでいるわけではなくて，麻痺しているだけなのよ。それに届く位置に子蜘蛛がうまく跳んでいければ，おやつとしてあの虫にありつけるという趣向らしいのよ。でも見ていると，あの子蜘蛛はいつでも自分が跳ぶ前にいた位置と糸を引いてくれた祖父母の位置のちょうど中点に着地するようなの。目標地点が中点にくるように祖父母が位置を変えれば簡単なんだけど，この分ではいつおやつにありつけることやら……」。

さて，このあたりで読者の知恵を拝借することにしよう。祖父母たちは正方形の四隅から決して動くことなく，子蜘蛛がジャンプのみを繰り返すことで，正方形内の任意の地点に好きなだけ近づきうることを証明してほしい。またその目的を達するための系統的な手段があればそれを明示していただきたい。ジャンプの前後での子蜘蛛の位置を数学的にきちんと述べるなら，ジャンプ前の子蜘蛛の位置をPとし，糸を引いた蜘蛛の位置をAとすると，ジャンプ後の子蜘蛛の位置は線分APの中点になる。

第153話の解答

ちょっと意外に感じる人がいるかもしれないが，目標地点に近づくために子蜘蛛が繰り返すジャンプ手順は，子蜘蛛の最初の位置にはまったく無関係に目標地点のみに依存して決めることが可能だ。

その答えの説明の仕方はいろいろとあるが，座標を使うのが簡単そうだから，それで説明しよう。通常の直交XY座標を導入し，正方形の4つの頂点を占める祖父母蜘蛛の位置をそれぞれA(0, 0)，B(1, 0)，C(1, 1)，D(0, 1)とする。また，手順を定めるのには必要がないと書いたが，子蜘蛛の最初の位置を（x, y)，おやつの虫がいる目標地点の座標を（a, b）とする。もちろん子蜘蛛とおやつの虫の位置は正方形内の1点なので，x，y，a，bはどれも，0以上1以下の実数である。

ここで，x，y，a，bをすべて「2進表記」してしまうのが，解法への近道だ。2進表記すると

$$x = 0.x_1x_2x_3\cdots,\ \ y = 0.y_1y_2y_3\cdots$$
$$a = 0.a_1a_2a_3\cdots,\ \ b = 0.b_1b_2b_3\cdots$$

となるとしよう。すべての$i = 1$，2，3，…についてx_i，y_i，a_i，b_iは0か1だ。

さて，ここで子蜘蛛がジャンプした場合の着地点の座標がどうなるかを考えてみると，問題はほとんど解けたも同然だ。今，その子蜘蛛をA(0, 0)にいる祖父が引き寄せたとしよう。すると，子蜘蛛の着地点の座標は($x/2$, $y/2$)だから2進表記すると($0.0x_1x_2x_3\cdots$, $0.0y_1y_2y_3\cdots$)となる。同様にB(1, 0)にいる祖母が引き寄せれば着地点は($0.1x_1x_2x_3\cdots$, $0.0y_1y_2y_3\cdots$)，C(1, 1)にいる祖父なら（$0.1x_1x_2x_3\cdots$, $0.1y_1y_2y_3\cdots$)，D(0, 1)にいる祖母なら($0.0x_1x_2x_3\cdots$, $0.1y_1y_2y_3\cdots$)である。つまり，子蜘蛛の着地点の座標は，元の位置の座標の小数点以下1桁目に（どの祖父母が引き寄せるかに応じて）0か1が加わり，

他の数値は右に1桁ずれるということになる。

ここまでで戦略のための基本構想はご理解いただけたと思うので，あとは具体的な目標地点を例にして手順を説明しよう。例えば，おやつの虫がいる目標地点が$(1/3, \sqrt{3}/2)$であるとする。これを2進表記すると

$$(0.0101010101\cdots, 0.1101110110\cdots)$$

となる（小数の2進表記の方法については「2進小数」と「変換」というキーワードでウェブ検索されたい）。このX座標とY座標それぞれの小数点以下1桁目の値，2桁目の値，……，8桁目の値をとって対にすると

$$(0, 1), (1, 1), (0, 0), (1, 1), (0, 1),$$
$$(1, 1), (0, 0), (1, 1)$$

だ。そこで，この対の列の右（8桁目の値の対）からそれぞれに対応する位置C，A，C，D，C，A，C，Dにいる祖父母がこの順に子蜘蛛を引き寄せると，子蜘蛛の位置座標は

$$(0.01010101x_1x_2x_3\cdots, 0.11011101y_1y_2y_3\cdots)$$

に変わる。よって，子蜘蛛の最初の位置にかかわらず，この一連のジャンプ後の子蜘蛛と目標地点の座標の差はX座標，Y座標とも$1/2^8=1/256$以下になるから，子蜘蛛と目標地点との距離は$\sqrt{2}/256$以下になる。もしこれでも距離が十分に近くないなら，考慮する目標地点の座標の桁数を8桁よりも大きくとって，再度やり直せばよい。

この手法は，祖父母蜘蛛の占める位置が正方形ではなくて，平行四辺形の頂点であっても有効だ。その場合には，Aが原点でABとADを軸とする斜交座標を導入し，ABとADの長さをそれぞれ1とすればよい。

しかし，一般化できるのはここまでで，四角形ABCDが平行四辺形でな

い場合，その内部の点で，同じく内部の点からジャンプしたのでは，ある程度までしか近づきえない場所が存在する。

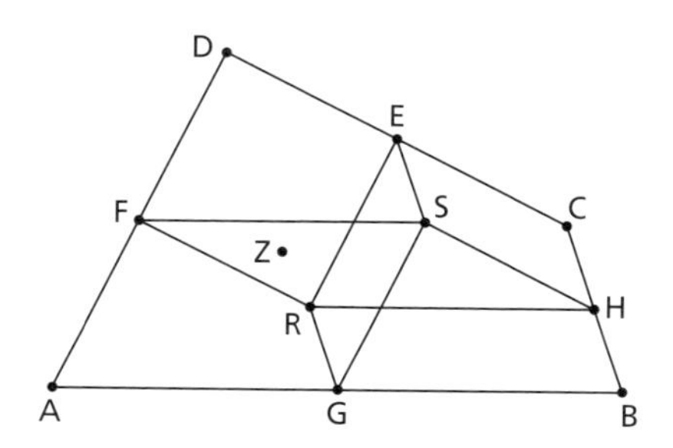

上図をご覧いただきたい。子蜘蛛が四角形ABCDの内部にいる場合，Aにいる祖父が引き寄せると子蜘蛛は相似比1/2の四角形AGRFの内部に着地する。B，C，Dにいる祖父母が引き寄せた場合，子蜘蛛はそれぞれ四角形GBHS，RHCE，FSEDの内部に着地するが，例えば図内の点Zは着地可能性のある4つの四角形のどれにも含まれていないので，四角形ABCDの外側からでなくては好きなだけ近くには着地できない。

子蜘蛛の 蟻ハンティング練習

第154話

第153話に引き続き，ヤマネの7匹の姪たちが飼っているペットの蜘蛛の話にお付き合い願いたい。前回は子蜘蛛のジャンプ練習の話だったが，庭の別の片隅では，3匹の子蜘蛛たちが協力して蟻を追い詰めて捕まえる練習をしていた。

獲物となる蟻は立方体の辺を構成する金属枠の上にいる。細い針金でできたその枠は高い木の枝からつり下げられており，その枝にも下の地面にも大人の蜘蛛がいて見張っているので，蟻はその金属枠の上を逃げることしかできない。これはハンターである子蜘蛛たちも同様で，目的を達する前に金属枠から1匹でも離脱すると，周囲で見守っている大人の蜘蛛たちから大目玉を食らう。

アリスは案内役のチューズデイとともに興味深く見守っていたが，子蜘蛛たちの包囲網を蟻が際どいところですり抜けて逃げるということが何度もあった。それもそのはず，蟻は子蜘蛛たちよりもずっと足が速く，その3倍の速度で走れるのだ。

さて，このあたりで読者への問題である。この状況下では，3匹の子蜘蛛たちと獲物の蟻のどちらに勝ち目があるのだろうか？　子蜘蛛のほうに勝ち目があるならば，3倍のスピード差にもかかわらず蟻をうまく追い詰める手順を示してほしい。また，蟻のほうが有利ならば，3匹の蜘蛛の動きに応じて，スピードを生かして包囲網からいつまでも逃げきる手段を示してほしい。初期位置は，蟻が立方体の頂点の1つにいて，3匹の子蜘蛛は全員その反対側の頂点にいるとしよう。

第154話の解答

子蜘蛛が1匹だけでは，たとえ蟻と同じ速さで走れても，決して蟻を捕まえることができないのは明らかである。これは子蜘蛛が2匹の場合でも同じことで，蟻はなるべく頂点にいるようにして，子蜘蛛のうちの1匹が危険なほど近づいたら2方向ある逃げ道から，原則もう1匹の子蜘蛛から遠ざかる方向を選んで逃げさえすれば，（蟻が子蜘蛛よりほんの少しでもスピードで勝っていれば）捕まることはなさそうだ。

だが，ハンターが3匹になると，ことは微妙になる。蟻が頂点にいたとしても，その頂点に隣接する3つの頂点すべてを3匹の子蜘蛛にそれぞれ占有されてしまうと万事休すだ。子蜘蛛たちは，そこからゆっくりと蟻に近づいていっても，逃げ道の3方向をすべてふさいでいるので，やがて蟻を捕獲することができる。

だが蟻の側から戦略を考えると，子蜘蛛たちがそのような包囲網を作ろうとしたとき，それが完成する前に蟻がスピード差を生かして別の頂点に移動できればよい。そうなるとその試みは破綻する。

実は，この賭け引きは（子蜘蛛が蟻の1/3以上のスピードを出せれば）子蜘蛛のほうに勝ち目があるのだが，その戦略は，単に3匹で逃げ道をふさぐというものよりはもう少し複雑になる。右ページの図をご覧いただきたい。

子蜘蛛のうち1匹は辺AEを占拠し，そこに蟻が入り込まないようにガードする。これは難しくないだろう。例えば，この子蜘蛛は点Aから辺AEに入り，点Eに向かって進んでいけば，辺AE上に蟻がいたとしても，やがて点Eから逃げ出さなければならなくなる。

ここで（辺AEを使わない限り）点Aと点Eを結ぶルートの道のりはどれもAEの3倍以上であることに注意されたい。したがって，その後にまた蟻が点Aや点Eに到達しようとしても，子蜘蛛は蟻の1/3の速さで動けるのだから，蟻の動きに応じて自分の位置を調整し，蟻が点Aや点Eに到達した場合には少なくとも同時に自分もそこに到達できるように辺AE上を動くことができる。よって辺AEをガードされると蟻は二度と点Aと点Eを通ることができなくなる。

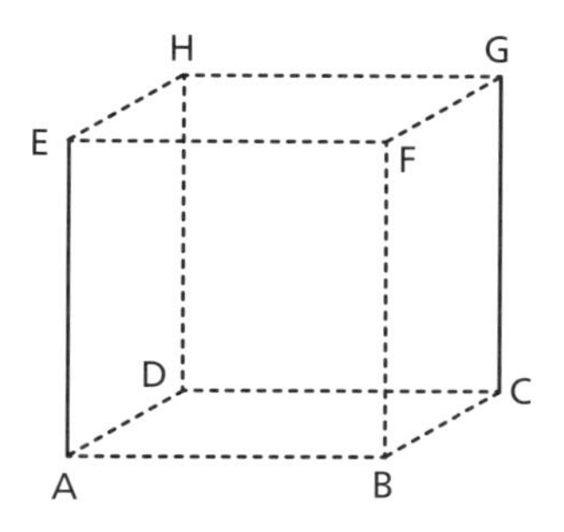

同様に，もう1匹の子蜘蛛が辺CGを占拠しガードする。そこからも追い出された蟻は，もう二度と点Cと点Gを通れなくなるのがミソだ。

これで罠の設置は完了である。残った1匹の子蜘蛛はゆっくりでいいから，蟻を単純に追っていけばよい。蟻は辺AEと辺CGには入り込めないから，上図で点線で描いた辺上を逃げるしかないが，これらは点A，点E，点C，点Gを含むループしか持たないので，やがてそのどれかを通過するハメになり，待ち構えていた（あるいは同時にそこに到達した）子蜘蛛に捕獲される。

これで，うまくやればこの勝負は子蜘蛛たちの勝ちになることがおわかりいただけたと思うが，もっと早く蟻を捕まえる戦略はあるだろうか？　また，子蜘蛛のスピードが蟻の1/3未満の場合はどうだろう？　その場合は，蟻が逃げ切れるだろうか，それともやはり子蜘蛛の側に別の有効な戦略があるだろうか？　上述の戦略では，2辺を占拠する子蜘蛛は蟻の1/3のスピードが要求されるが，蟻を追い回す3匹めの子蜘蛛はのんびり屋でもかまわない。いろいろと条件を変えてこの問題を考えてみるのも面白いかもしれない。

電気手袋の刑

第155話

お茶会3人組からお茶会の会場を奪って催される恒例のトランプ王国の晩餐会だが，兵士だけでやらせてみたところ大喧嘩になってしまったことがあった（第133話「兵士たちの大喧嘩」，『数学でピザを切り分ける！　パズルの国のアリス4』）。そこで，兵士たち全員に“仲の悪い兵士のリスト”を前も

って提出させ，仲の悪い2人の席が隣り合わないようにした。

このやり方で兵士たちだけでも平和裏に晩餐会が行えるようになったかを確かめるため，こともあろうに，王侯たちがこっそり盗聴器を仕掛けたのが騒動の始まりだ。確かに喧嘩は始まらなかったのだが，話題の中心は王侯たちへの陰口である。とくにハートの女王への悪口雑言は最初から最後までひっきりなしだった。

「兵士だけにしといたのだからそんなことは当たり前」と考える王侯たちも多かったが，ハートの女王の怒りは収まらない。当然「首を刎ねよ！」が吹き荒れた。なんとか丸く収めようとしたハートの王の鎮静努力もむなしく，ついに40人の兵士全員に斬首宣告が出た。

まさか全員の首を刎ねるわけにはいかないが，この分では兵士たちに多少

の痛い目を見てもらわないと女王の怒りが収まりそうにない。ハートの王がグリフォンに相談したところ，グリフォンは「電気椅子」ならぬ「電気手袋」の刑を提案し，それが採用された。

次のような刑だ。兵士全員に手袋を1組ずつ配り，各自が目をつむってそれを両手にはめる。そして，スペード・ハート・ダイヤ・クラブの各スート（マーク）ごとにエースから10までぐるりと4つの輪を作って並び，隣どうしが手をつなぐ。もちろん仕掛けがある。各兵士に渡される手袋はプラスとマイナスの1組で，プラスとマイナスの手袋が触れ合うとそれをはめていた2人の半身に強い電流が流れるのだ。

結果，無事に試練を切り抜けた者，半身だけ電気ショックを受けた者，不幸にして全身に電撃を食らった者に分かれ，全員が均等に処罰されるよりも面白いとハートの女王はご満悦だった。ここらで満足すれば女王もかわいいのだが，例によってわがままぶりを発揮し，もう一度やろうと言う。しかも電流をさらに強くしてやりたいらしい。

困った顔の他の王侯たちや不安顔の兵士たちを見て，グリフォンが一計を案じ次のように献策した。「今度は，兵士たちに罰を逃れるチャンスを与えましょう。手袋のどちらを左右どちらの手にはめるか自分で決めてよいことにしませんか」。

「問題にならん」とハートの女王。「手袋にはプラス・マイナスの符号が書いてあるのだから，隣になる者とそれが一致するようにはめることができるではないか」。

「いえいえ陛下，そうはいかないのです」とグリフォン。「前もって40人全員に帽子をかぶせます。帽子にはそれぞれ異なる数値が書いてあり，今度は全員がその数値にしたがって小さい順にぐるりと輪を作って並び，手をつなぐのです。兵士が手袋をはめるのは帽子をかぶせた後ですが，各兵士に見えるのは他人の数値だけで自分の数値は見えません。手袋をはめる時点では自分が輪のどの位置に入るかはわからないというわけです。それと，陛下のお慈悲として，帽子をかぶせる前に40人に相談する時間を与えてはいかがでしょう」。

ハートの女王は「ふむ，ならばそれでもよかろう」とグリフォンの提案にのってきたが，実はこの案は，囚人の中にスペードのエースがいることを見込んだグリフォンの作戦だった。知恵者のエースはグリフォンの見込みどおり，期待に応えて40人全員に電気ショックを免れるための指示を出した。もっとも，ダイヤの7は計算を間違えて手袋を逆にはめてしまい，全身を強烈な電気ショックに見舞われ，ギャッと叫んで口から泡を吹いて伸びてしまった。そのとばっちりで両隣の2人も迷惑をこうむったが，これだけですんだのは兵士たちにとってラッキーだったといえよう。

今回の問題はもちろん，スペードのエースがみなに授けた電気ショック回避法である。エースの指示はどのようなものだったのだろうか？

第155話の解答

もし全員が小さい順に並んだときに自分の順位がいくつになるかがわかれば，作戦は簡単だ。例えば，それが奇数位なら右手にプラスで左手にマイナス，反対に偶数位なら右手にマイナスで左手にプラスと決めて全員が手袋をはめれば，触れ合う手袋はどこもプラスどうし・マイナスどうしとなり電流は流れない。

問題は，自分の数値がわからないから自分の順位を知りようがないことだ。この問題は一見どうしようもないような気がするが，実は知りたいのは，自分の順位そのものではなくその奇偶性だけである。

古い記事をご記憶の読者は，第16話「チームで参加！ 何でもオリンピック」(『パズルの国のアリス　美しくも難解な数学パズルの物語』）で置換の奇偶性を扱ったことを覚えておられるかもしれない。今回の問題の設定はそのときとよく似ているが，実は同じアイデアが解決策になり，スペードのエースから兵士たちへの指示もそれを応用したものだ。

まず置換とその奇偶性を定義するために，40人全員に1から40までの番号を振る。これは好き勝手でよい。例えば，スペードのエースから10までを1番から10番，ハートのエースから10までを11番から20番などとしておくのが覚えやすくて簡単だろう。

帽子をかぶせられると，全員が自分を除いてはどういう順に並んで手をつなぐかがわかる。自分の位置はわからないが，そこは気にせずに自分の数値が一番小さくて先頭にくるものと仮定しよう。そこで，最初は1番から40番まで振った番号順に並んでいたと仮定し，自分を先頭に帽子の数値の小さい順に並び替えることを考えてみる。このとき2人ずつの位置交換を何度か行うが，並び替えが終了するまでの交換回数を数える。これが奇数回だったものは右手にプラス，左手にマイナスの手袋をはめ，逆に偶数回だったものは右手にマイナス，左手にプラスの手袋をはめる。

以上でスペードのエースからの指示はおしまいだ。これでなぜ全員が電撃を免れるのかを考えてみよう。

まず全員を正しく数値の小さい順に並べ替えたとし，これにM回の位置交換が必要だったとしよう。また，正しい順位がnの兵士が自分を先頭とする並び替えに要した交換回数をk_nとする。同じ並び替えは正しい並び替えから$n-1$回の交換を経ても作ることができる。その奇偶性は交換の手順によらないから

$$M+(n-1)\equiv k_n \pmod 2$$

が成り立っている。Mはnによらない定数だから，これが何を意味するかというと，順位が1違いの2人は必ず奇偶性が異なるということだ。よって，一方が左手にプラスの手袋をはめれば，他方は右手にプラスの手袋をはめることになり，手をつないでも電流は流れない。

この戦略は40人でなくとも偶数人ならうまくいくので，6人の場合で確かめてみよう。

1番から6番の兵士の帽子に書かれた数値を順にc，b，f，d，e，aとし，$a<b<c<d<e<f$としよう。1番の兵士の数値cは第3位だが，1番の兵士はそのことを知らないので，自分を先頭にc，a，b，d，e，fという順に並び替えようとするが，それは

$$a\leftrightarrow b,\ b\leftrightarrow f$$

の2回の交換で済むから偶数回である。そのすぐ後の第4位の数値dを持つのは4番の兵士だが，同様に自分を先頭にd，a，b，c，e，fという順に並び替えようとする。それは

$$d\leftrightarrow c,\ a\leftrightarrow b,\ b\leftrightarrow f$$

の3回で可能だから交換回数は奇数回だ。このように順位が1違いの2人の

奇偶性は必ず異なる。読者は別の順位づけや人数で確かめられたい。

ちなみに，奇数人の輪ではプラス・マイナスの手袋が奇数ずつになるから電気ショックを受ける犠牲者が必ず出る。しかし，その場合でも上の戦略は有効で，電撃を受けるのは最高順位と最低順位の数値を持つ2人に限ることができる。

無限モグラ国の公道巡り

第156話

無限モグラ国は，地表は真っ平らで，地平線のかなたまで整然とした区画に分かれており，区画ごとに異なる色の花々が美しく咲いている。だが，地下となるとまったく様相が異なる。くねくねと曲がるトンネル通路が上下東西南北あらゆる方向に縦横無尽に走っていて極めて複雑だ。

通路の幅も長さもまちまちだが，それでも多少は整理しようという行政の意向で，いくつかの「拠点」と，拠点どうしを結ぶ広い通路「公道」が定められ，当局によって管理されている。一方，公道以外の通路は「私道」と呼ばれている。

住人たちは無限匹いるので私道は無限にあるが，公道は有限本しかなく，それぞれが2つの拠点を直接結んでいる。そして管理の都合上，すべての公道には1番からの通し番号がついている。念のため断っておくが，同じ拠点を結んでいるような無意味な公道は存在しない。

人間と同様，モグラの若者たちも出会いを求めて，あるいは自分探しのた

めにいろいろな場所に出かけていたのだが，それに飽きたのか，最近は奇妙な条件付きの旅が流行っているという。その条件とは，公道番号がだんだん大きくなるようになるべくたくさんの公道を巡るというものだ。もちろん，それらの公道は拠点で直接つながっていなければならず，ある拠点から別の拠点へ私道を使って行くのは反則だ。

1つの拠点からは通常，何本もの公道が出ているが，各拠点から出ている公道の本数の平均値をdとする。今回の問題は「『拠点』と『公道』のネットワークがどうなっていようと，d本以上の公道からなる経路で公道番号が次第に大きくなっていくものが必ず存在すること」を証明することだ。

ここで経路というのは，もちろん拠点を介して互いにつながった公道の列のことであるが，途中で同じ拠点を繰り返し通ってもよいし，出発拠点と到達拠点は同じでも異なっていてもかまわない。

第156話の解答

奇妙な印象の問題だ。dは各拠点から出ている公道の本数の平均値だから，経路の長さ（ここでは経路の物理的な道のりではなく，経路を構成する公道の本数を経路の長さと呼ぶ）とは一見無関係な気がする。しかし，このパズルは，あまり知られていないようだが，グラフ理論で定理として述べられるある事実をもとにしたものである。

グラフ理論では，頂点とそれをつなぐ辺からなる図形のことを「無向グラフ」と呼ぶ。無限モグラ国の地下にある拠点を頂点，公道を辺と考えると，拠点と公道のネットワークは無向グラフと見なせる。一般の無向グラフでは，同一の頂点を結ぶ辺があることもあり，それらをループと呼ぶが，この問題ではループは存在しない。各頂点に入ってくる（あるいは各頂点から出ていく）辺の本数をその頂点の「次数」と呼び，問題のdはそれぞれの拠点の次数の平均だ。

実は，dは頂点の数nと辺の数mから簡単に求められる。各辺がそれぞれ2つの頂点を結んでいるから，すべての辺では延べ$2m$個の頂点を結んでいる。したがって$2m$はすべての頂点の次数の合計に等しいから，平均次数dは$2m/n$だ。

さて，次のように考えることで，その平均次数dと，公道番号が昇順に進む経路の長さとの間に，不思議とも当然とも思える関係が生じる。

まず，nカ所の拠点すべてに若者モグラを1匹ずつ配置することにしよう。そのモグラたちに次のような手順で旅をさせる。公道には1番から順に番号が振られているから，まず1番の公道が結ぶ拠点に配置された2匹のモグラにそこを通って位置を交換するように指示する。他の$n-2$匹は動かさない。次に，2番の公道の両端にいる2匹のモグラに位置を交換させる。さらに，3番の公道の両端にいるモグラ……という具合に順にm本すべての公道にわたって同様に進める。最終的には，若者モグラたちはその位置を入れ替えただけで，すべての拠点に1匹ずつ配置されていることは最初と変わらない。

まず，この一連の指示に従って進んだn匹のモグラたちのどの経路も，公道番号が昇順になっていることに気づかれたい。次に，このn本の経路の長さの総和はいくつだろうか？　これは簡単だ。1回の指示によって移動するモグラは2匹だけだ。したがって，m回の指示によって動いた延べ回数は$2m$で，これが全経路を構成する公道の延べ本数，すなわち経路長の総和でもある。経路は全部でn本あるから，経路長の平均は$2m/n$であり，平均次数dに等しい。したがって，経路の中には長さがd以上のものが存在する。

無限モグラ国の拠点巡り

第157話

第156話では，無限モグラ国を走る地下トンネル通路網の話にお付き合いいただいたが，今回はその続きの話を楽しんでいただきたい。

トンネル通路はあちこちで枝分かれしていて，3次元空間を縦横に駆使してありとあらゆる方向に伸びている。行政の都合もあり，いくつかの「拠点」と，拠点どうしを結ぶ広めの通路「公道」が定められているが，拠点と公道だけでも十分複雑なネットワークだ。

拠点と公道を管理する当局は，モグラ市民たちの便宜を図って，公道の番号とそれが結ぶ拠点名を表にしたものを公表している。この表を入手したアリスは，地図のようなものを作れないかとヤマネの姪たちと話し合っている。

「交差のない平面図にはとてもできそうにないわね」とアリスが言うと,「そうね，立体模型を作るといいんでしょうけど，それでは持ち運びが不便でしょうがないわ」とサンデイ。「まあ，交差があっても紙の上に描ける平面図にしましょう。でも，わかりやすくてきれいな地図にしたいから，公道で結

ばれている2つの拠点は違う色に塗ることにして……」とマンデイが主張すると，チューズデイがすかさず「いいわね。でも，あんまり色数が多いとケバケバしい感じになるから，色数はなるべく少なくしたいわね」。

それで方針は衆議一決して，地図の作製に取りかかったアリスと姪たちだが，しばらくして「ダメね。もうこれ以上には拠点の色数は減らせないわね。これより少なくすると，どこかの公道の両端が同じ色になるわ」とサタデイが言った。

少し遠くから様子を見ていたグリフォンが「本当かい？　色数をなるべく少なくするというのはけっこう難しい問題なんだよ」と口を挟む。「きっと，間違いないわ」とサンデイ。「拠点の色の塗り分け方をずいぶんいろいろと考えてみたけど，どうやっても7色が必要みたい。でないとどれかの公道の両端の拠点が同じ色になるもの」。

グリフォンは「フーン。7色で塗り分けできるなら，虹の7色を使えばきれいな地図が作れるね。ああ，そうだ。色数がそれ以上には減らせない場合に成り立つ事実があるよ。別にそれが成り立ったからといって，色数が最小であるという保証はないけど，少なくとも傍証にはなるだろう」と言って続ける。「7色のうちどれでも好きな2色を選ぶ。その一方の色の拠点からスタートし，公道を通って残りの5色の拠点を次々に1回ずつ巡り，最後にもう一方の色の拠点にたどり着くようなルートを探してごらん。もし拠点の色の塗り分けで6色以下のものがないなら，必ずそういうルートが存在するから」。

アリスと姪たちはそれぞれ自分の好きな2色を選んでそのようなルート探しに取りかかったが，今回の問題はこのグリフォンの発言の根拠を示してもらうことだ。

第157話の解答

この問題は，いわゆるグラフの彩色数に関するものだ。一般に頂点と辺で構成されたグラフGが与えられたとき，辺で結ばれた2頂点は違う色になるようにすべての頂点を塗り分けることをグラフの「彩色」と呼ぶ。また，その場合に必要な最小の色数をそのグラフの「彩色数」といい，$\chi(G)$と表す。

彩色数については，ほとんど自明にわかることがいくつかある。例えば，ループを持つグラフは何色あろうと彩色不可能だし，彩色数が1のグラフは頂点のみで辺を持たない空グラフである。また，彩色数が2以下のグラフは，いわゆる2部グラフであるが，そうなるための必要十分条件は，「グラフが奇数本の辺からなる周遊路を持たない」ことだ。また，すべての頂点が互いに辺で結ばれている完全グラフK_n（nは頂点数）の彩色数はnである。各頂点に集まる辺の数をその頂点の次数というが，グラフGが持つ頂点の最大次数を$\Delta(G)$とすると，グラフGの彩色数は$\Delta(G)+1$以下だ。

したがって多くのグラフGの彩色数は3以上だし，いつでも$\Delta(G)+1$以下であることもわかっているが，一般のグラフの彩色数を求める問題は，「難しくて多項式時間では解けない」と強く予想されているNP完全問題のクラスに属する。実は任意に与えられたグラフの彩色数が3よりも大きいかどうかだけを問う問題ですらNP完全であることが知られている。

平面グラフ（辺が交差することなしに平面上に描くことができるグラフ）の彩色数が4以下だろうということは昔から予想されていた。いわゆる「4色問題」であるが，1976年になってやっとコンピューターの助けを借りて証明が得られた。これは筆者が学生の頃の出来事で，感慨深い。

さて，彩色数問題に関するうんちくはこの程度にして，パズルの本題に入ることにしよう。ヤマネの姪たちの主張によれば，「拠点-公道」グラフの彩色数は7ということらしい。これが正しいかどうかは実際のグラフを見て精査しないことには決着のつけようがないが，7色を要するようなら，アリスのいうように交差のない平面図に描けないことは4色定理から明らかだ。

グリフォンの発言は，姪たちの主張が正しくて地図の拠点が最小の色数で彩色できているなら，「好きな色の拠点からスタートして，公道のみを使ってすべての色の拠点を1度ずつ巡り，別の好きな色の拠点で終わるような旅が必ず可能」というものだ。実は，この主張はもっと強めることができ，グラフの頂点がちょうど彩色数で彩色されているなら，使った色を任意の順に並べたときに，その順でちょうど1回ずつ各色の頂点を巡る経路が存在する。以下でそれを示そう。

彩色数がnの場合，使った色はn色あるので，それに1からnの番号を勝手に振る。頂点vに塗った色の番号を$C(v)$とする。各頂点vを次のように塗り替える操作を考え，塗り替え後の色の番号を$D(v)$とする。まず$C(v)=1$の頂点vだが，それらについては塗り替えを行わずそのままにする。つまり$D(v)=C(v)=1$だ。次に$C(v)=2$の頂点だが，もしvが$D(v)=1$の頂点のどれかと辺で結ばれているならそのままにし，そうでないなら，番号1の色に塗り替える。以下，同様に順次$k=3$，4，…，nに対して，$C(v)=k$の頂点vの塗り替えを行う。つまり，vが$D(v)=k-1$の頂点のどれかと辺で結ばれているならそのままにし，そうでないなら，番号$k-1$の色に塗り替える。こうしてすべての頂点を塗り替えて終了である。結局，どの頂点vでも$D(v)=C(v)$か$D(v)=C(v)-1$であることに注意しておこう。

塗り替え方から明らかなように，この塗り替えの途中でも後でも，辺で結ばれている頂点どうしの色は異なる。だから，塗り替えが終わった段階でもこの新しい色の割り当てがグラフの彩色であることは間違いないので，彩色数の最小性によりn色すべてが使われていなければならない。

そこで今度は$D(v_n)=C(v_n)=n$なる頂点の1つv_nから考えよう。この頂点v_nの塗り替えが行われなかったことは明らかだから，v_nは$D(v_{n-1})=n-1$なるどこかの頂点v_{n-1}と辺で結ばれている。$C(v_n)=n$だから$C(v_{n-1})=n$の可能性はなく，この頂点v_{n-1}も塗り替えられていない。同様に互いに辺で結ばれた頂点v_k（$k = n - 1$，$n - 2$，……，2，1）が順次見つかり，$D(v_k) = C(v_k) = k$である。よってv_1，v_2，……，v_nを巡る旅は，（塗り替え前でも塗り替え後でも）色1から色nまでの頂点をその順に巡ることになる。

ヤマネの姪たちとアリスの場合，7が本当に彩色数なら，好きな2色の一方を番号1，他方を番号7とし，2から6を他の色に割り当てれば，上の考え方で目的のルートを見つけることができる。しかし，おそらく試行錯誤で探した方が早いだろう。

鏡の国のチェス大会
予選リーグ

第158話

アリスがイモムシ探偵局で大きな表を前にして何やら作業をしている。「何だか忙しそうだね。でも，楽しそうにも見える」と探偵助手のグリフォンが声をかけると，アリスは「鏡の国のチェス王室がまたチェス大会を開催しようと企画しているのよ」と言う。

続けて「大会はチェス王室の主催だけど，主催者だからといって代表枠が他の国よりも多いわけではなく，代表選手は1人。前回はトーナメントで代表を決めたんだけど，たった1度でも負けたらおしまいというのは評判が悪くて……（第145話「チェス王室でのチェストーナメント」，『数学でピザを切り分ける！ パズルの国のアリス4』）。今回は各選手総当たりのリーグ戦で代表を決めることになって，あたしはその勝敗表の管理を任されているの」。

「ははあ，その大きな表が勝敗表というわけだね。確かに結果が楽しみではあるが……」

「ええ，すごいのよ。チェス王室の全員，つまり赤の16人と白の16人の合計32人が，引き分けは認めず何度も再試合して決着がつくまで，互いに1回ずつ戦うんだけど，本当にみんな甲乙つけがたいというか，実力が伯仲していて誰が代表になってもおかしくないの。いまは全員が3試合を残していて，一番成績の良いのは赤のポーンの1人で，16勝12敗。でも，一番成績の悪い人でも13勝15敗で，代表になるチャンスがまだ全員に残っているわ」

「それだと，すべての試合が終わっても，おそらく同率首位の人が何人かいて，プレーオフというか代表決定戦で決めることになるんだろうけど，誰が代表になっても，『俺はあいつには勝ったんだけど……』というような不満を持つ人が出てくるね」

「本当にそうね。勝敗表を見ていても，対戦が終わった3人で互いに三すくみ状態になっている組が何組もあるわ。このなかの誰かが代表になると，その人に勝った人はちょっと不満に思うわね」

「まあ，仕方ないことさ。ところで，リーグ戦が終わった時点で，そういう3人が1組も生じないことがありうるんだけど，それってどういう場合かわかるかい？」

「簡単よ。強さに完全な順位がついていて，順位が上位の人が下位の人に決して負けていない場合でしょう？　その場合，31勝0敗から0勝31敗まで1人ずついて，1位の人が代表になることに文句のつけようがないわね」

「じゃあ，逆に三すくみの組数が最大になるのはどういう場合かな？　それと，その場合に三すくみの組数はいくつになるかわかるかい？」

「きっと全員の勝率がほぼ5割の場合だわ。今回の32人のリーグ戦では，16勝15敗と15勝16敗の人ばかりのときだと思うけど。そのときの三すくみの組数はというと，えーと……」

今回の問題はこのアリスの予想が正しいかどうかを判定してもらうことだ。また，三すくみの組数が最大の場合，その組数がいくつになるかわかるだろうか？

念のため述べておくと，三すくみとは例えばAがBに勝ち，BがCに勝ち，CがAに勝ったという状況になっている3人の組A，B，Cのことである。

第158話の解答

32人のままでもよいのだが，一般化して，n人によるリーグ戦の場合で考えたほうがポイントがわかりやすくなりそうだ。このリーグ戦では，各選手は他の$n-1$人の全員と1回ずつ対戦することになる。結果には引き分けがないので，i番の選手が勝利した人の数をw_i，敗北した人の数をl_iとすると，どのiでも

$$w_i + l_i = n-1 \qquad (1)$$

が成り立つ。また，試合の総数は明らかに${}_nC_2 = n(n-1)/2$であり，どの試合にも勝った者と敗れた者が1人ずついるので

$$\sum_{i=1}^{n} w_i = \sum_{i=1}^{n} l_i = \frac{n(n-1)}{2} \qquad (2)$$

でもある。

この問題のポイントは，三すくみの組数がw_iやl_iで表せることに気がつくことだ。それには，三すくみになっていない3人組のことを考えるとよい。いま，3人組A，B，Cが三すくみになっていないとすると，この中の1人は他の2人に勝利していなければならない。これを勝者と呼ぶと，三すくみになっていない3人組には必ず勝者が1人ずついることになる。よって，三すくみになっていない3人組を数えるには，iを勝者とする3人組を数え，iについての総和を取ればよい。iを勝者とする3人組を数えるのは簡単だ。iはw_i人に勝っているから，その中から2人を選びそれを数えあげればよい。こうして三すくみになっていない3人組の総数Nは

$$N = \sum_{i=1}^{n} {}_{w_i}C_2$$

であることがわかる。これは敗者に着目しても，同じことが言えるので

$$N=\sum_{i=1}^{n}{}_{l_i}C_2=\frac{1}{2}\sum_{i=1}^{n}({}_{w_i}C_2+{}_{l_i}C_2)$$

などの式も成り立つ。

ついでながら$P(x)$をxに関する任意の2次式とすると，一般に

$$\sum_{i=1}^{n}P(w_i)=\sum_{i=1}^{n}P(l_i)=\frac{1}{2}\sum_{i=1}^{n}(P(w_i)+P(l_i))$$

が成り立つことが(1)と(2)から導かれるが，そのことは読者のみなさんの練習問題とさせていただこう。

さて，3人組の総数はもちろん${}_nC_3$だから三すくみの組数Dは${}_nC_3-N$だ。このことから，アリスの言うように，順位が決まっていて番狂わせが決して起こらない場合，例えば$w_i=i-1$が成り立つような場合は

$$0={}_nC_3-N={}_nC_3-\sum_{i=1}^{n}{}_{i-1}C_2$$

であるから，組み合わせ論でよく用いられる式

$${}_nC_3=\sum_{i=2}^{n-1}{}_iC_2$$

が得られる。また，w_i+l_iはいつも$n-1$であり，一定だから

$${}_{w_i}C_2+{}_{l_i}C_2=\frac{w_i^2+l_i^2-(w_i+l_i)}{2}$$

が最小になるのはw_iとl_iが等しい場合であることは，詳しく述べるまでもなく明らかだろう。$n=32$の場合，$n-1=31$は奇数だから，$w_i=l_i$となるこ

とはないが，$w_i=16$ と $w_i=15$ の人が16人ずついる場合に N は最小になり，逆に三すくみの組数 D は，最大の

$$_{32}C_3-16\left({}_{16}C_2+{}_{15}C_2\right)=1360$$

になる。ちなみに，一般に偶数 $2k$ 人によるリーグ戦のとき，三すくみの数は最大で

$$\frac{(k+1)k(k-1)}{3}$$

になる。奇数 $2k+1$ 人によるリーグ戦では，全員が k 勝 k 敗の場合に，三すくみの数は最大の

$$\frac{(2k+1)(k+1)k}{6}$$

になる。

壊れた金庫の安全性

第159話

珍しいことに，ハートのジャックがハートの女王の使いとしてイモムシ探偵局を訪ねてきた。用件を聞くと，トランプ王宮のハート王室で使っていた金庫が故障してしまったので，その件でアドバイスがほしいという。

金庫には3つのダイヤルがついていて，それぞれが0から7までの数値に

合わせられる。そして，すべてのダイヤルが事前に設定した数値に合致すると扉が開くという単純な金庫だ。つまり，3つのダイヤルが取ることのできる状態は8×8×8＝512通りだけであり，そのすべてを試すと金庫は開いてしまう。だから，もともと安全性が高いといえる代物ではなく，特に重要なものは保管していなかったのだが，壊れたことでますます危なっかしくなった。このまま使い続けてよいものかを判断するための材料がほしいとのことだ。

どういうふうに壊れたかを尋ねると，3つのダイヤルのうちのどの2つでも設定した数値に合致すると，もう1つのダイヤルがどうなっていようと開いてしまうという。

これを聞いたグリフォン，そんな金庫を使い続けることは問題外だとは思ったものの，一応，危険性を納得させるための情報をジャックに与えようと考えた。読者のみなさんにもその手伝いをお願いしたい。

まず，でたらめにダイヤルの数値を合わせても，結構大きな確率で金庫が開いてしまうが，ウォーミングアップとしてその確率を計算していただこう。

また，1つのダイヤルはでたらめでも，残り2つのダイヤルの組み合わせをすべて試せば，金庫は確実に開いてしまうから，8×8＝64通りの組み合わせをテストすることで金庫を開けられる。だが実は，このような試行錯誤の組み合わせの数はもっと少なくすることができる。そこで次に，なるべく少ないテスト回数で金庫を開けるための組み合わせを設計していただきたい。最低何回のテストで金庫は確実に開くだろうか？

第159話の解答

ウォーミングアップの問題は簡単だろう。でたらめに試す3つのダイヤル番号を1組決めると，例えば第1のダイヤルが間違っていても，他の2つのダイヤルが正しければ金庫は開くから，そのような数値の組み合わせは正しいもの以外に7つある。これは第2ダイヤルだけが間違っていても，第3ダイヤルだけが間違っていても同じだから，正しい場合も含めて

$$7+7+7+1=22\text{通り}$$

の組み合わせの場合に金庫は開いてしまう。

一方，ダイヤルの組み合わせの総数は512通りだから，問題の確率は22/512（≈0.04297）である。つまり，でたらめにダイヤルを合わせていても，平均的には512/22≈23.27回ほど試せば金庫は開いてしまうことになる。

ただ，確実に開けるとなると，そう簡単ではない。問題文に書いたように，64通りを試せば確実だが，金庫泥棒としてもなるべく早く開けられるに越したことはない。というわけで，泥棒の身になって，なるべく少ない試行回数で確実に金庫を開けるシステマチックな方法を考えてみよう。

実は，比較的簡便な方法として次のようなやり方がある。

まず，ダイヤルの数値を0から3までと4から7までに二分する。そして3つのダイヤルすべてが0～3の場合とすべてが4～7の場合とを試してみる。ただし，その組み合わせは全部で

$$4\times4\times4+4\times4\times4=128\text{通り}$$

もあるが，そのすべてを試すのではない。3つのダイヤル数値の和が4で割り切れるもののみに限って試すのだ。その場合，2つのダイヤルの数値を決めると残りの数値は定まる。よって，そのような組み合わせの総数は，0～3の組の場合には4×4＝16通り，4～7の組の場合も同数だから，試す回

数は全部で16＋16＝32回だ。

この32回の試行で金庫が確実に開くことを示そう。上の試行セット設計のポイントは，3つのダイヤルのうちいずれか2つの正しい数値が0～3ならば，それらが一致する組が試行セットの中に必ず存在することだ。これは，4～7でも同じで，いずれか2つのダイヤルの正しい値が4～7であるならば，それらが一致する組が試行セットの中に存在する。正しいダイヤル番号の組が何であろうと，それは0～7の数値3つからなるのだから，それには0～3が2つ以上か，4～7が2つ以上含まれる。ということは，その2つの数値が一致するような組が試行セットの中に必ず存在することになり，その組み合わせを試した時点で金庫が開く。

例えば，正しいダイヤルの組み合わせが（0，5，2）だったとしよう。第1ダイヤルと第3ダイヤルが0～3であるから，試行セットの中にはそれらが一致する（0，2，2）という組が存在し，それを試すことで金庫は開く。また，正しい組み合わせが（7，5，6）ならば，試行セットの中には，2つのダイヤルが一致するものが（5，5，6），（7，7，6），（7，5，4）と3組もあり，このいずれを試したときでも金庫は開く。

以上により，32回のテストで確実に金庫を開ける手段は見つかったが，この回数はもっと減らせないのだろうか？　実は，このテスト回数は，確実に開けるために必要な最小回数だ。そこで，それより少ない31回のテストでは開かないダイヤル数値の組み合わせがあることを証明しよう。

確実に開けるための31組からなる試行セットSがあったと仮定して，そのセットの要素の第3ダイヤルの値に着目しよう。第3ダイヤルの取れる値は0から7までの8種類だけだから，この中には3回以下しか登場しない値がある。それをiとしよう。$(a_1,\ b_1,\ i)$，$(a_2,\ b_2,\ i)$，$(a_3,\ b_3,\ i) \in S$とし，この3組の集合をTとする（第3ダイヤルの値がiである組が試行セットの中に2つ以下しかない場合もあろうが，その場合は，話はより簡単になる）。

そこで，0から7のうちa_1，a_2，a_3を除く数値の集合をAとする。同様にb_1，

b_2，b_3を除く数値の集合をBとする。a_jに重複がなく，b_jにも重複がない場合，$A \times B$（AとBの直積集合）に属する数値対は$5 \times 5 = 25$個である（a_jやb_jに重複があれば，$A \times B$の要素数は30以上になるが，その場合は以下の議論により，開かないダイヤルの組が存在することがさらに簡単にわかる）。

第1ダイヤルの値と第2ダイヤルの値の対が$A \times B$に属し，第3ダイヤルの値がiであるような組み合わせが正しい場合，Tに属する組み合わせによる試行（第1および第2ダイヤルの値が両方とも間違っている）によって金庫が開くことはない。これらの場合に金庫がT以外の試行で開くためには，第1ダイヤルと第2ダイヤルがともに合致していなければならず，$S \backslash T$（\は差集合を表す。つまり集合Sから集合Tを除いたもの）には第1ダイヤルと第2ダイヤルの対が$A \times B$に属するものが少なくとも1つずつなければならない。これらの集合をUとし，Uの要素数をuとすると$u \geqq 25$である。

しかしながら，TでもUでも開かないダイヤルの組み合わせもある。

$$P = \{(a,\ b,\ c) \mid c \neq i,\ (a,\ b,\ i) \notin T,\ (a,\ b) \notin A \times B\}$$

としよう。つまり，第1ダイヤルと第2ダイヤルのどちらかはTのものと一致するが，両方は一致せず，第3ダイヤルはiでないような数値3つの組の集合がPである。Pの要素数は

$$(64 - 25 - 3) \times 7 = 252$$

だが，それらが正しい組み合わせの場合，Tの要素によるテストでは金庫が開くことはない。Uの要素によるテストで開くことはあるが，Uの要素の1つを（a，b，c）とすると，$a \in A$，$b \in B$，$c \neq i$だから，これによって開けられるダイヤルの組み合わせでPに含まれるのは

$$(a_1,\ b,\ c),\ (a_2,\ b,\ c),\ (a_3,\ b,\ c),\ (a,\ b_1,\ c),\ (a,\ b_2,\ c),\ (a,\ b_3,\ c)$$

の6組に限られる。結局，Pの組み合わせのうちUの要素によるテストで開

くのは全部で$6u$組ということになり，Pのうち$252-6u$個の組み合わせが，$V=S\setminus T\setminus U$の要素によるテストで開かなければならないことになるが，Vの要素数は$31-3-u=28-u$個である。

ウォーミングアップ問題により，1回のテストで開けられる組み合わせの総数は22個であることがわかっているから

$$252-6u \leqq 22(28-u)$$

すなわち$u \leqq 91/4$が成立しなければならないが，$u \geqq 25$により，そんなことはありえないことがわかる。

ガラガラ争奪抽選

第160話

羊の老婆が経営している雑貨屋に珍しいガラガラが入荷したという噂が流れてきた。「珍しいと言ったって，たかがガラガラでしょ」とアリスは思ったが，やはりちょっと興味を惹かれて雑貨屋にやって来た。そして店の中を覗いて驚いた。いつもはガランとしているのに，今日はガラガラを求めて来た客で妙ににぎわっているのだ。

その中にガラガラに目が無いトウィードルダムとトウィードルディーの双子もいる。双子は頭を寄せ合って何やら相談中だ。アリスに気がついた2人は不機嫌そうな顔で「こうライバルが多くちゃ困りものだな。君もガラガラを買いに来たのかい？」とアリスに聞く。アリスが「いや，面白そうと思って見に来ただけで，買うつもりはないわ」と答えると，少し安心したようで，「では，ちょっと知恵を貸してくれ」と言う。

事情を聞いてみると，羊の老婆は，ガラガラを欲しがっている人が思いの

ほか多いと知ったせいか，妙に商魂たくましくなり，普通に値段をつけて売るのをやめて，次のような商売を考えたらしい。客には抽選券を買ってもらい，それから抽選を行う。売れた抽選券の中の1枚だけが当たりで，その抽選券を持つ人にガラガラを渡すというやり方だ。抽選券1枚の売値は銀貨1枚で，1人が何枚買おうとかまわない。

ところが，抽選券の売れ行きは，羊の老婆の思惑どおりにはいかなくて，まだ20枚しか売れていないという。抽選券の販売時間はもうすぐ終了なので，アリスが買わないとしたら双子以外にもう買い手はなさそうであるが，2人はたとえ銀貨50枚との交換でもガラガラを手に入れたいと思っている。だからと言って抽選券を50枚買うのはバカげているし，そうしたからといって確実に手に入るとは限らず，その確率は

$$50/(20+50)=5/7$$

でしかない。逆に1枚だけ買うのは，それで当たれば大満足だが，当たる確率はわずか1/21である。

双子がアドバイスを求めているのは，彼らにとって抽選券を何枚くらい買うのが一番いいのかということだ。ガラガラの価値が銀貨50枚相当というのは，あくまでも双子にとっての心理的価値ではあるが，ガラガラを手に入れることでそれだけの満足感が得られるなら，その満足感の期待値と抽選券の買値との差を最大にするのがよさそうだ。それには何枚の抽選券を買うのがベストだろうか？

第160話の解答

この問題は，とりわけ巧妙な考え方をしなくとも，簡単な計算で答えが得られる。いつものこのコラムの問題に比べ，深みがないと読者のお叱りを受けそうだが，たまにはこういう問題を楽しんでもらうのもよいだろう。

双子が抽選券をm枚買ったとしよう。当たるのは$20+m$枚のうちの1枚だけだから，双子がガラガラを手に入れる確率は$m/(20+m)$である。ガラガラの実際の価値は不明だが，双子が銀貨50枚分に相当すると考えるなら，それを手に入れることによる双子の満足感の期待値は$50m/(20+m)$という式で計算できよう。

一方，m枚の抽選券を得るのに必要な銀貨はもちろんm枚だから，その差$50m/(20+m)-m$（$=M$とする）の値が重要だ。Mの値がマイナスならば，買うのはやめたほうがよいことになるが，プラスならば支払った額以上の満足感が得られると期待してよい。

そこで，Mの値を最大にするのが目標となる。近年ではエクセルなどの表計算ソフトを使うのが一番簡単だろうが，電卓で計算してもそれほど苦労なく下のような表が得られる。

表によれば，Mの値は，mが小さいうちはだんだん大きくなり，$m=12$のときに6.75に達したあとはゆっくり小さくなる。$m=30$のときにゼロになるが，これは当然のことで，価値が銀貨50枚分しかないものを手に入れるのに，全体で50枚以上の銀貨を支払うのは羊を喜ばせるだけで誰にとってもバカげたことだ。ましてや，双子以外にとっては，ガラガラの価値は銀貨50枚分もないかもしれない。

m	1	2	3	…	10	11	12	13	14	…
M	1.38	2.55	3.52	…	6.67	6.74	6.75	6.70	6.59	…

こうして双子が買うべき抽選券の枚数は12枚という結論を得たが，これは高校程度の数学の知識があれば，もっと速く解析的に求めることができる。すなわち，$M(m)=50m/(20+m)-m$をmで微分し，$M'=0$とおいてmを求める方法だ。$M'=1000/(20+m)^2-1$であるので，$M'=0$とおくと

$$m=\sqrt{1000}-20\approx 11.62$$

だから，$m=11$または$m=12$でMは最大になることがわかる。よって，それぞれの場合のMの値を比較すれば簡単に同じ結論が得られる。

一般に，双子にとってガラガラの価値がn枚で，すでにk枚の抽選券が売れているとき，もう双子以外に券を買う人がいそうにないなら，双子が買うとよいと思われる枚数は$\sqrt{nk}-k$枚だ。これは普通は整数でないだろうから，それを整数に切り上げまたは切り下げした枚数になる。

余計なことを少し述べると，仮に双子が抽選で当たったとしたら，そのガラガラをダムとディーのどちらが所有するかでもめそうだ。幸い12枚は偶数だから，そういうもめ事のないように，はじめからダムとディーが6枚ずつ買うのがよさそうだ。しかし，今回はガラガラの心理的価値が2人とも同じだったからよいが，もしそれが2人の間で異なっていたら，それぞれが抽選券を買うしかないが，その場合は，もう1人が買う枚数に応じ，それぞれの戦略は複雑な様相を呈するかもしれない。興味を持った読者に挑戦していただきたい課題である。

360度監視カメラの配置

第161話

白の騎士の奇妙な発明品をはじめ面白い品々が展示されている鏡の国の博物館。展示品が増えて手狭になったので，もっと広い場所に移設しようということになった。幸い，東ナイト駅の少し北側に，十分に広い建設用地を確保できた。駅前には白の騎士の行きつけの喫茶店があり，展示品のメンテナンスなどを白の騎士に相談するにも都合がよい。

新博物館建設委員会が設置され，早速，博物館全体の設計を大工とセイウチのコンビに依頼した。設計の制約条件は「平屋かつ多角形の建物であること」だけだ。当然，ひとつながりの壁で囲まれた建物にはなるが，おそらく大工は，その条件範囲内で奇想を思う存分発揮し，複雑怪奇な形状のものを提案してくるに違いない。

博物館の運営維持は，人件費の節約ということもあり，なるべく人手をかけないことにしたい。というわけで，出入り口の管理は自動のキャッシュレス決済機に任せ，建物内の警備は白の騎士が発明した360度撮影可能な監視カメラを何台か設置することですませることに決まった。

ただ，新博物館建設委員会としては，警備の点で少し気がかりがある。大工の提案する建物の形状が予測できないので，監視カメラが何台必要かわからないことだ。白の騎士に問い合わせると，すぐに用意できる監視カメラは6台だという。そこで委員会としては，6台のカメラで全体を監視できるものに建物の形状を限りたいのだが，そう言ってしまうと余計な負担をかけるから，大工には「建物の形状は多角形で，辺数はn以下のもの」というふうにわかりやすく伝えたい。

ここで読者への問題だ。大工がどんなに変てこりんな設計をしても，6台のカメラで建物全体を監視できるためには，nは最大でいくつを指定すればよいだろうか？

念のため条件を整理しておくと，それぞれの監視カメラは博物館の天井に据え付けられ，その位置から下方はどの方向でも360度監視・撮影できる。博物館の天井の高さはどこも一定で，壁以外に遮るものはなく，逆に壁を越えた先を見ることはできない。

第161話の解答

明らかに，凸多角形の部屋を監視するにはカメラは1台あれば十分だ。一方，部屋が非連結になることを許す場合，少なくとも連結成分の数だけカメラが必要なことも自明だ。例えば，部屋が非連結な7つの三角形成分からなる場合（つまり，バラバラな三角形の“小部屋”7つからなる場合），6台のカメラでは，合計21枚の壁を持つこの部屋全体を監視することはできない。実は，この自明な事実は，連結な部屋の場合に簡単に拡張できる。下図をご覧いただきたい。

7つの三角形が狭い廊下でつながったような形状を持つこの21角形の部屋の全体を監視するには，7台のカメラが必要だ。そのことは，黒い点で示した7カ所を監視するには，それぞれに対して別々のカメラが必要なこと（1台のカメラでは，どこに設置しても，壁が邪魔になり2カ所の黒い点を監視できない）から，明らかだろう。

というわけで，多角形の辺数nとして21以上の数値を大工に指定すると，設計によっては監視カメラが7台以上必要になる場合があることがわかった。では，逆に辺数が20以下の多角形ならどんな形の部屋でも6台のカメラで全体を監視することが可能だろうか？

実は，この問いに対する答えは「イエス」なのだが，そのことを説明するには少し工夫がいる。

まず，「どんな形の多角形であっても，互いに交差することのない対角線

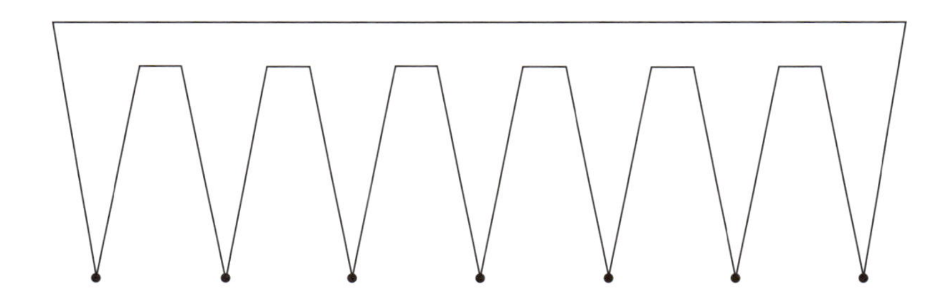

だけで三角形に分割できること」に注意しよう。ここで多角形の対角線とは，多角形の頂点どうしを結んだ線分で，端点を除き全体がその多角形の内部にあるものとする。本来ならこのような三角形分割が可能なこと自体も証明が必要な気がするが，あまり難しくはないし，下図のような実例を見ればほとんど明らかとも思えるので，認めていただいて先に進むことにしよう。

（ついでながら，本題とは関係ないが，n角形を対角線で三角形に分割すると，いつも$n-2$個の三角形に分かれる）

次に，多角形の頂点を3色に塗り分けて，分割してできたどの三角形も3頂点がこれらの色を1つずつ持つようにしよう。このような塗り分けが可能なことは，n角形（$n \geqq 3$）の場合，nに関する数学的帰納法により，次のように考えると証明できる。

まず，$n=3$の場合，明らかに3つの頂点に別々の色を塗ることができる。$n>3$の場合，その多角形を三角形に分割している対角線の1つを任意に選び，その対角線Dで分けた結果の2つの多角形の辺数をそれぞれkとlとする。このとき，どちらの多角形も三角形だけから成るようにさらに分割されているが，$k<n$，$l<n$だから，数学的帰納法の仮定により，題意を満たすようにそれぞれの頂点を3色に塗り分けることができる。それぞれの塗り分けにおいて，色の入れ替えは自由だから，Dどうしを貼り合わせて元の多角形を復元するときに，Dの両端の色が一致するようにそれぞれの塗り分けで

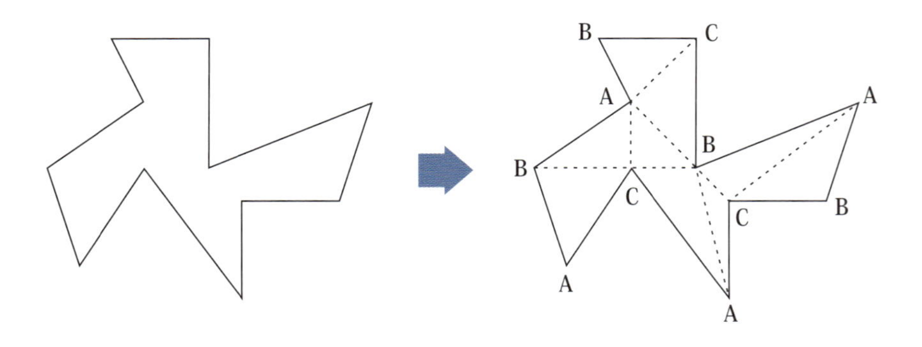

色の入れ替えを行えば，貼り合わせた結果も，すべての三角形において各頂点が別々の色になる。

例えば左ページの下図のような三角形分割の場合，同図右のように各頂点をA，B，Cに塗り分けると，各三角形の頂点は別の色を持つようになる。

ここで3つの色のうち最も少なく使われている色を考える。その色に塗られた頂点数は$\lfloor n/3 \rfloor$以下だ（$\lfloor x \rfloor$は，実数xに対して，xを超えない最大の整数，すなわちxの小数点以下を切り捨てた数を表す）。その頂点の位置に監視カメラを設置すると，分割後のどの三角形にとっても，頂点位置の1つにカメラが配置されるので，すべての三角形が，ひいては多角形全体がカメラの視野内におさまる。左ページ下図ならば，AおよびBに塗られた頂点がそれぞれ4つ，Cの頂点が3つなので，Cの頂点にカメラを配置すればよい。すると，11角形全体を

$$\lfloor 11/3 \rfloor = 3 \text{台}$$

のカメラの視野内におさめることができる。

同様に，辺の数が20以下ならどんな形状の多角形であっても，カメラをうまく配置すれば

$$\lfloor 20/3 \rfloor = 6 \text{台}$$

で多角形全体を監視することができる。

ぞろ目の出ない
サイコロ

第162話

アリスが白の騎士の工房を訪ねてみると，赤のポーンたちが全員来ていてなにやらかまびすしい。どうも白の騎士がまた奇妙な発明品を作ったので，そのお披露目をしているところらしい。

アリスに気づいてポーンの1人が言う。「俺たちの賭け事好きは君も知ってるだろう。大概，鏡の国では標準になっている正八面体サイコロを使っての賭けになるんだが，サイコロに振ってある目は1から8までの数字が1つずつとは限らない。2つ以上の面に同じ目が振ってあることもあるし，目が8よりも大きいこともある。目は正の整数であれば何でもありだ。また，2個のサイコロを同時に使うことも多い。白の騎士さんが今回発明した装置は，丁半博打の壺みたいにサイコロを入れて使うんだが，サイコロを1個だけ入れてボタンを押すと，自動的にそのサイコロを2回振ったのと同じことになり，その目の合計がディスプレーに表示されるんだとさ」。

それを聞いたアリスは「なんだってそんなものを作るのだろう？　同じサイコロを同時に2個振る，あるいは1個のサイコロを2回振ることにすれば簡単ではないか」と思ったが，不思議の国や鏡の国の辞書に「合理性」などという言葉が存在しないことはわかっている。「フーン」と感心したふりを装っていると，もう1人ポーンが寄って来て，「どうやら設計にミスがあったらしいぞ」と言う。

聞いてみると，なぜかその発明品ではいわゆる「ぞろ目」が出るということがないらしい。つまり，異なる2つの面の目の合計はどれも均等に出るが，1つの面の目の2倍という数値は決して出ない。いろいろなサイコロを使って実験してみると確かにそのようだ。ただし，ここで「ぞろ目」と言っているのは，**同じ面が2つ出る**ことで，2つ以上の面に同じ目が振ってある場合にはその合計（同じ目を持つ別々の2つの面）が出ることはある。

常識的な観点からは，どういう仕組みがあればそんな奇妙な装置が作れるのか，そのほうがよほど不思議で，発明品としての価値も高そうなのだが，白の騎士は当初の目論見が外れてしょんぼりしている。アリスは慰めるつもりで，「ぞろ目を使わない賭けを考案すればよいのでは？　そうすれば，この装置の特徴を生かせるわ」と言うと,「なるほど」ということで白の騎士もポーンたちもめいめいがその装置を使った賭け事を考え始めた。

しばらくして1人のポーンが言った。「ところで,この装置が出す目って,どのくらい元のサイコロに固有のものになるのかな?」

「えっ?」と質問の意味がわからないという顔をしたアリスに,ポーンは「サイコロの各面にどういう目が振ってあるかが決まれば,この装置が出す可能性のある表示やその確率が決まるのは当然だけど,その逆,つまり振ってある目が異なる2種類の正八面体サイコロで,この装置に入れて使うと各表示が出る確率がまったく同じになるものはあるのかなってことなんだけど」と説明する。

ここで今回の問題だが,このポーンの疑問に肯定的な解を与えてほしい。つまり振ってある目が異なる正八面体サイコロ2種で,どちらをこの装置に入れて使っても,各表示が出る確率がまったく同じになるようなものを設計していただきたい。さらに条件を付加すると,サイコロの各面に振ってある目が2種のサイコロの16面すべてで異なるようなものはあるだろうか?

これだけでは物足りないという読者は,同じ問題を通常の立方体のサイコロで考えていただきたい。

さらに,全部でn個の面が均等に出るサイコロをこの装置に入れて使うとき,ぞろ目を除けば2つの面の組み合わせには${}_nC_2 = n(n-1)/2$通りの可能性があるが,それらの面の目の和が同じ確率で表示されるような異なる2種類のサイコロを設計できるのはnがどういう値の場合だろうか?

第162話の解答

最初の問題はいきなり答えを与えてしまおう。正八面体が2種だと全部で16個の面があるので，問題の条件に沿うなら，16種類の異なる目を各面に振ることになるが，例えば1から16までの目を1つずつ使って，第1のサイコロには1，4，6，7，10，11，13，16を，また，第2のサイコロには2，3，5，8，9，12，14，15を各面に振ればよい。どちらのサイコロも，白の騎士の装置に入れて使うと，出る可能性のある表示は（和が同じになる重複を入れて），5，7，8，10，11，11，12，13，14，14，15，16，17，17，17，17，18，19，20，20，21，22，23，23，24，26，27，29の28種類であることを確認されたい。よって，どちらのサイコロの場合も17が表示される確率が4/28＝1/7で一番高く，11，14，20，23が表示される確率が2/28＝1/14，他の値が表示される確率はどれも1/28だが，ともかく表示される数値とその確率はどちらのサイコロの場合でもまったく同じだ。

さて，この2種のサイコロをどうやって見つけたかということだが，これには$8=2^3$という事実を利用して次のように構成するとよい。まず，サイコロが2面しか持たない場合，つまり，サイコロというよりもコインの場合を考えてみよう。この場合は簡単だろう。1つのコインの両面に1と4の目を振り，もう1つのコインには2と3の目を振る。このどちらのコインを白の騎士の装置に入れて使っても，ぞろ目は出ないのだから，表示は必ず5になる（1＋4か2＋3)。これを2^k個の面を持つサイコロに拡張するには数学的帰納法を用いよう。

まず2^{k-1}個の面を持つ2種のサイコロで，両者を通じて1から2^kまでの目が1つずつあり，かつ白の騎士の装置に入れるとどちらもまったく同じ確率で各表示が出るものが設計できたとし，それぞれに振ってある目の集合をXとYとしよう。条件よりXとYは集合$\{1, 2, \cdots\cdots, 2^k\}$を分割したものだ。このとき$X'=X\cup(Y+2^k)$，$Y'=Y\cup(X+2^k)$とする（ここで$X+i$という記法は集合$\{x+i \mid x \in X\}$を表す)。すると，$X'$と$Y'$は集合$\{1, 2, \cdots\cdots, 2^{k+1}\}$の分割になっていることは明らかだろう。さて$X'$に属する目を1つずつ持つ$2^k$面サイコロAと$Y'$に属する目を1つずつ持つサイコロBを考える。サイコロAを白の騎士の装置に入れて使うと，x, x'をXの異なる要素，y, y'をYの異なる要素とするとき，装置が表示する数値は$x+x'$, $x+(y+2^k)=x+y+2^k$, $(y+2^k)+(y'+2^k)=y+y'+2^{k+1}$のいずれかの形をしている。Bの場合は，$y+y'$，$x+y+2^k$，$x+x'+2^{k+1}$のいずれかの形であるが，帰納法の仮定より$x+x'$と$y+y'$という形の数値の確率分布はまったく同じだから，AとBのどちらのサイコロの場合も，装置が表示する数値の確率分布は同じである。こうして，四面体サイコロの場合は，1，4，6，7と2，3，5，8に目を振り分ければよく，同様に八面体サイコロの場合は，最初の段落に示したものが得られる〔余計なことだが，熱心な読者はこの解の構成法が，目標は違うが，第107話「平等な綱引き」(『ハートの女王とマハラジャの対決　パズルの国のアリス3』)におけるものと実質的に同じであることに気づかれたかもしれない〕。

さて次の問題は，我々の世界で標準の立方体のサイコロで同じことを考えるというものだ。さらには，一般にn面を持つサイコロでならどうだろうか？いきなり6面ではなかなかの難問だろうが，例えば3面とか5面とかを考えた読者は，装置が表示する数値とその確率の一覧表があれば，使ったサイコロにどういう目がいくつあるかを簡単に復元できることに気づいたであろう(この復元方法自体，ちょっとしたパズル問題なので，興味を持った読者は挑戦されたい)。実は，どういう目がいくつ振ってあるかということが異なる2つのサイコロをそれぞれ装置に入れたとき，表示する数値の確率分布が同じになることが起こりうるのは，nが2のべき乗2^kの場合だけだ。したがって$n=3$，5，6，7などではそういうサイコロの組は存在しない。以下ではそれを証明しよう。

いまn個の面がどれも均等に出るサイコロAがあったとし，Aの各面の目の集合を$\{a_1, a_2, \cdots\cdots, a_n\}$とする。ここで，第24話「その正八面体サイコロはインチキ？」(『パズルの国のアリス　美しくも難解な数学パズルの物語』）で使った母関数に再登場願おう。多項式$P_A(x) = x^{a_1} + x^{a_2} + \cdots\cdots + x^{a_n}$をこの$n$面サイコロの母関数という。母関数はサイコロを複数個まとめて投げる場合などを考えるときに便利な道具で，例えば$P_A(x)^2$という多項式は，上のサイコロAを2個同時に投げるとき，ある目の和が出る組み合わせが何通りあるかを示してくれる。すなわち$P_A(x)^2$におけるx^kの係数がC_kならば，目の和kが出る組み合わせはC_k通りあるというわけだ。

さて，白の騎士の装置に上のn面体サイコロを入れたとき，表示される数値の母関数はどうなるだろうか？　ぞろ目は出ないのだから，上の$P_A(x)^2$からぞろ目の分$P_A(x^2)$を引いた$P_A(x)^2 - P_A(x^2)$が，このときの装置が表示する数値の母関数である。Aとは異なる目を持つn面体サイコロBの母関数を$P_B(x)$としよう。装置が表示する数値の確率がAを入れた場合もBを入れた場合もまったく同じであるなら，その母関数どうしは一致し，$P_A(x)^2 - P_A(x^2) = P_B(x)^2 - P_B(x^2)$が成り立つ。よって

$$(P_A(x) + P_B(x))(P_A(x) - P_B(x)) = P_A(x)^2 - P_B(x)^2 = P_A(x^2) - P_B(x^2)$$

だから

$$P_A(x) + P_B(x) = \frac{P_A(x^2) - P_B(x^2)}{P_A(x) - P_B(x)}$$

である。仮定より$P_A(x) \neq P_B(x)$で，明らかに$P_A(1) = P_B(1) = n$だから，$P_A(x) - P_B(x) = 0$は$x = 1$を解に持ち，その多重度をkとすると因数定理により$P_A(x) - P_B(x) = (x-1)^k Q(x)$，$Q(1) \neq 0$と表せる。したがって

$$P_A(x)+P_B(x)=\frac{(x^2-1)^kQ(x^2)}{(x-1)^kQ(x)}=\frac{(x+1)^kQ(x^2)}{Q(x)}$$

となるが，ここで$x=1$を代入すると

$$2n=P_A(1)+P_B(1)=\frac{(1+1)^kQ(1)}{Q(1)}=2^k$$

となりnは2のべき乗でなければならない。

チェス研究会の成績

第163話

鏡の国ではチェスの人気はもともと高かったのだが，王室主催のチェス大会が始まってからはさらにうなぎ上りだ。みな腕には自信があり，王侯たちもポーンたちもチェス王室の代表の座を射止めようと練習に余念がない。

王侯たちはそれぞれ自室にこもって練習や戦略研究に勤しんでいることが多い。一方，ポーンたちは休みのたびにゲーム喫茶に集って「研究会」を開き，相互対戦を繰り返して腕を磨いている。

ある日，アリスがゲーム喫茶の前を通りかかると，ちょうど研究会が開かれていた。どんな様子かとドア近くにいた赤のポーンに尋ねると，「うーむ，もともと実力が伯仲しているのは，君も知っているだろう。だが，どうもそれぞれのプレーヤーの調子に波があるらしい」と言う。「1回の研究会では，俺たち赤白のポーン16人がそれぞれ互いに1戦ずつしようと決めているんだ。1人が15戦もすると結構忙しいので，引き分けの場合には再戦なしだ。報奨というか罰金が多少ないとやる気が出ないから，負けると失点2，引き

分けの場合は双方が失点1ずつ，勝てば失点ゼロとしてその合計を計算し，それに比例してこの店での代金を支払うことにしている」。

「つまり，1人が15戦をするんだから，全敗すると失点30。反対に全勝すると失点ゼロで，支払わなくてよいというわけね」とアリス。

ポーンが続ける。「さすがだ。物わかりがいいね。さっきようやく今日の対戦がすべて終わった。調子に波があるというのは，その成績が極端なんだ。どのプレーヤーも，前回の失点と今回の失点を比較すると，その差が16点以上あるのさ。前回調子のよかったプレーヤーは今回は調子が悪く，前回悪かったプレーヤーは今回は調子がいい」。

そんなこともあるのかしらと，アリスは表を作成して考えていたが，ふと奇妙なことに気がついた。「ねえ，ねえ，さっき，どのプレーヤーも前回と今回の失点差が16点以上あるって言ってたけど，その差ってピッタリ16点ではないかしら？」

ポーンたちが成績を調べなおしてみると，確かにどのポーンも成績の差はピッタリ16点だった。さて，今回の問題は，この状況下ではアリスの発言が正しい，すなわちどのポーンも前回と今回の成績の差はピッタリ16点になることを証明することだ。

第163話の解答

プレーヤーたちの調子は極端なわけだから，前回調子のよかったプレーヤーと今回調子のよかったプレーヤーに分けよう。プレーヤーは全部で16人だから，どちらかのグループには8人以上が属する。議論は対称的だから，前回調子のよかったプレーヤーが8人以上と考えてかまわない（そうでなければ，以下の議論で「前回」と「今回」を入れ替えて考えればよい）。

さて，前回調子のよかったプレーヤーたちをAグループとし，反対に今回調子のよかったプレーヤーたちをBグループとしよう。Aグループの人数をk（$k \geqq 8$）として，その人たちの前回の失点数と今回の失点数の対を適当な順に並べたものを（a_1，b_1），（a_2，b_2），…，（a_k，b_k）とする。ポーンが述べた条件より，各iについて$b_i \geqq a_i + 16$だ。よって，このプレーヤーたちの前回の失点合計を$S_a = \sum_{i=1}^{k} a_i$，今回の失点合計を$S_b = \sum_{i=1}^{k} b_i$とすると

$$S_b \geqq \sum_{i=1}^{k} (a_i + 16) = S_a + 16k$$

が成り立つ。

ところで，前回の失点合計S_aだが，これはAグループの人がBグループの人と対戦して失った点S_a(B)とAグループの人どうしで対戦して失った点S_a(A)からなる。すなわち，$S_a = S_a(\mathrm{A}) + S_a(\mathrm{B})$である。それは今回の失点合計$S_b$も同様で，Bグループの人との対戦によるものを$S_b$(B)，Aグループどうしの対戦によるものを$S_b$(A)として，$S_b = S_b(\mathrm{A}) + S_b(\mathrm{B})$と書ける。

ところで，このS_a(A)とS_b(A)はどちらも一定で，その値は$k(k-1)$だ。なぜなら，Aにはk人のプレーヤーがいて，そのどの2人も1戦ずつするから，Aグループの人どうしで行われる試合数は${}_kC_2$である。また，試合の結果にかかわらず，そこで失う点数は2人合わせて2点だから，それを合計すると

$$S_a(\mathrm{A}) = S_b(\mathrm{A}) = {}_kC_2 \times 2 = k(k-1)$$

となるからだ。

　このことを考慮して先の不等式を見直すと，実は不等式はS_a(B)とS_b(B)の間にもそのまま成立することがわかる。つまり

$$S_b(\mathrm{B}) \geqq S_a(\mathrm{B}) + 16k$$

である。ここで，S_a(B)やS_b(B)がどういう値を取りうるかを考えてみよう。どちらもAグループに属する人とBグループに属する人の試合から生じる失点だ。Aに属する人はk人で，Bに属する人は$16-k$人だから，その間で行われる試合数は$k(16-k)$だ。よって，すべての試合でAグループの人が負ければ，Aの失点合計は$2k(16-k)$であり，全試合でAの人が勝てば，失点合計は0だ。つまり，S_a(B)もS_b(B)も0から$2k(16-k)$の範囲にあるので，$2k(16-k) \geqq 16k$が成り立つ。よって$8 \geqq k$だが，$k \geqq 8$という前提と合わせると$k=8$が成立し，AグループもBグループも人数は8人ずつであることがわかる。

　さらに$2k(16-k)=16k$が成立するということは

$$S_a(\mathrm{B})=0,\quad S_b(\mathrm{B})=2k(16-k)=128$$

でなければならず，Aグループの人は，前回はBグループの人に負けることがまったくなかったのに，今回はことごとくBグループの人に敗退したことがわかる。

　最後に，Aグループのi番目の人の前回の失点合計a_iを，Aグループの人との対戦によるものa_i(A)とBグループの人との対戦によるものa_i(B)に分けると

$$a_i = a_i(\mathrm{A}) + a_i(\mathrm{B}) = a_i(\mathrm{A}) + 0 = a_i(\mathrm{A})$$

であり，今回の失点合計も同じように分けると

$$b_i = b_i(\mathrm{A}) + b_i(\mathrm{B}) = b_i(\mathrm{A}) + 16$$

である。よって$b_i \geqq 16 + a_i$より$b_i(\mathrm{A}) \geqq a_i(\mathrm{A})$となるが，上で述べたように$S_a(\mathrm{A}) = \sum_{i=1}^{k} a_i(\mathrm{A})$も$S_b(\mathrm{A}) = \sum_{i=1}^{k} b_i(\mathrm{A})$も同じ〔その値は$k(k-1) = 56$〕だから，実はどの$i$についても$b_i(\mathrm{A}) = a_i(\mathrm{A})$でなければならない。つまり，同じAグループ内の対戦では，各プレーヤーの失点合計は前回と今回がまったく同じだから，失点差はピッタリ16になる。この事情はBグループのプレーヤーも同じで，各プレーヤーの失点は前回のほうが今回よりもちょうど16点多い。

天邪鬼の意地悪にめげるな

第164話

不思議の国や鏡の国に現れる妙な妖怪には「アマビエ」のようによいことをするものもいれば，その妖力をケチなことに使う「千里眼見習い」などもいる（第151話「盗み見の効用」34ページ）。今回は，誰にも歓迎されないどころか自分にとっても何の得にもならない意地悪にばかり精力を費やしている妖怪「天邪鬼（アマノジャク）」にまつわる話だ。

鏡の国には零細ではあるが地道な仕事ぶりの養蜂家がいる。大きな商売をしているわけではなく，ミツバチたちにとって余剰となった分の蜂蜜をコツ

コツと集めて売っているだけなので，花やミツバチたちも協力的で，あまりもうかりはしないが仕事は順調だった。

ところが，それが気に入らないとでもいうのか，天邪鬼はこの養蜂家に意地悪を仕掛けるようになった。養蜂家は2リットルの蜂蜜を入れることができる容器を8個持っている。今の時期，1日に収穫できる蜂蜜の量はミツバチや花の協力があってもきっかり1リットルだけだから，2日で1つの容器が満杯になる計算だ。養蜂家は2リットル容器単位で蜂蜜を市場に持っていって売ることにしている。

天邪鬼が始めた意地悪とは，蜂蜜が半ばまでたまった容器の中に雑菌を入れることだ。そうなると蜂蜜は濁って色が悪くなるうえ，酸っぱくなってしまい，売り物にならない。

それで養蜂家がイモムシ探偵局に相談に来た。「天邪鬼が1日に雑菌を入れることができるのは，複数個ある容器のうちの1つだけだ。そこで，蜂蜜を収穫する際にいくつかの容器に分割して入れることで1日の悪さで被害にあう量を減らし，何日か後には何とか1容器だけでも出荷できるようにならないだろうか？」というのが，相談の内容だ。幸い天邪鬼は飽きっぽい性格なので，自分の意地悪をかいくぐって1容器でも出荷されてしまうと，意地悪を続ける気力を失うだろう。

そこで，まずはウォーミングアップ問題として，読者にはイモムシ探偵局の助手グリフォンやアリスに協力して，この養蜂家に適切なアドバイスをしてほしい。一応断っておくが，1日に収穫できる蜂蜜はちょうど1リットルであり，養蜂家はそれらをすべてどれかの容器に入れて保存しなければならない。また，蜂蜜は一度容器に入れられてしまうと，そこから別の容器に移し替えることはできず，たとえ複数の容器に合計で2リットル分の蜂蜜が保存されていたとしても，それらを移し替えて1つの容器を満杯にすることはできない。雑菌を入れられた容器の中の蜂蜜は廃棄するしかないが，中身を出してよく洗浄すれば，容器自体は何度でも再利用できる。

さらに，これが本題だが，もし天邪鬼が1日に2つずつの容器に雑菌を入れ，中身をダメにすることができたとしたらどうだろう？　養蜂家にはそれでも何とか容器1つを満杯にして出荷する方法があるだろうか？　できるならその方法を考えていただきたい。不可能ならそのことを証明してほしい。

第164話の解答

最初のウォーミングアップの問題は易しい。最も簡単で多くの人が思いつきそうなやり方は，次のものだろう。養蜂家は1日目に蜂蜜を0.5リットルずつ2つの容器に分割して収穫する。天邪鬼はそのうちの1つに雑菌を入れるだろうが，1つは無傷で残る。そこで養蜂家は，2日目には0.5リットル入った容器をさらに2つ作る。天邪鬼は3つの容器のうちの1つにまた雑菌を入れるが，2つが無傷だ。3日目に養蜂家はその2つの容器に0.5リットルずつ蜂蜜を追加する。その結果，1リットル入った容器が2つになる。天邪鬼はその1つに雑菌を入れてダメにするが，1つは無傷で残るから，4日目に収穫する1リットルの蜂蜜すべてをその容器に入れると満杯になり，出荷できる。

次の問題は，天邪鬼が1日に2つの容器に雑菌を入れることができる場合だ。実は，容器が好きなだけ補充できるほどにたくさんあり，出荷までの日数に制限がなければ，天邪鬼が1日に何個の容器をダメにすることができても，その数に限りがある限り，上の手法を一般化することで必ず容器を満杯にして出荷できる。そのやり方は次のようなものだ。

天邪鬼が1日に雑菌を入れられる容器の数をnとしよう。養蜂家は初日に$n+1$個の容器に$1/(n+1)$リットルずつ分割して収穫する。天邪鬼はそのうちのn個をダメにするが，1つは無傷で残る。2日目以降も同様にすれば，$1/(n+1)$リットル入った容器を1日に1つずつ増やしていくことができ，$(n+1)^n$日目には$1/(n+1)$リットル入った容器が$(n+1)^n$個になる。そこで養蜂家は，その翌日にそれらの容器のうちの$n+1$個に蜂蜜を$1/(n+1)$リットルずつ追加し，$2/(n+1)$リットルずつにする。意地悪な天邪鬼は当然この多くなったほうの容器に雑菌を入れるだろうが，$2/(n+1)$リットル入った容器のうちの1つは無傷で残る。これを$(n+1)^{n-1}$日間繰り返すと，$2/(n+1)$リットル入った容器が$(n+1)^{n-1}$個になる。後はもうおわかりだろう。これらの容器に$1/(n+1)$ リットルずつ追加することを繰り返すと，さらに $(n+1)^{n-2}$日後には$3/(n+1)$ リットル入った容器が $(n+1)^{n-2}$個できる。これをさらに続ければ，最初から数えて

$$(n+1)^n+(n+1)^{n-1}+\cdots+(n+1)+1=\frac{(n+1)^{n+1}-1}{n}$$

日後には1リットル入った容器が無傷で残るので，その翌日には容器を満杯にすることができ，待望の出荷が可能になる。

天邪鬼が1日に2つの容器に雑菌を入れることができる場合，つまり$n=2$の場合は，上のやり方でなら $(3^3-1)/2=13$日目に1リットル入った容器が無傷で残り，14日目には出荷可能になるはずだが，問題は容器の数だ。9日目には1/3リットル入った容器が9つ無傷で残らねばならないが，容器は洗えば再利用できるとしても，その日に天邪鬼にダメにされる容器2つを含めて11個の容器が必要という計算になる。一般には，上のやり方では$(n+1)^n+n$個の容器が必要だ。

そこで，天邪鬼にダメにされる蜂蜜の量をなるべく少なくなるように，次のような方法を考えてみよう。天邪鬼が雑菌を入れられるのが1容器だけの場合，まず初日に$1/k$リットルずつの蜂蜜をk個の容器に入れる。天邪鬼はそのうちの1つに雑菌を入れるだろうから，2日目に残った$k-1$個の容器に$1/(k-1)$ リットルずつの蜂蜜を追加する。3日目には，そのうちの1つの容器の中の蜂蜜はダメになっているだろうから，残りの$k-2$個の容器に$1/(k-2)$ リットルずつを追加する。こうして続けていくと$k-1$日目には

$$H_k=\frac{1}{k}+\frac{1}{k-1}+\cdots+\frac{1}{3}+\frac{1}{2}$$

リットル入った容器を2つ作ることができ，その一方に雑菌を入れられても，一方は無傷で残る。$k=4$ならば$H_4=13/12>1$だから，4日目にはこれに

新たに収穫する蜂蜜のうちの11/12リットルを入れれば満杯になり出荷できる。

天邪鬼がダメにする容器が2つの場合に，これと同様の手法を考えてみよう。初日には$2k+1$個の容器に$1/(2k+1)$リットルずつ入れる。天邪鬼はそのうちの2つに雑菌を入れるだろうから，2日目に残った$2k-1$個の容器に$1/(2k-1)$リットルずつを追加する。同様に続けていくとk日目には

$$H'_k = \frac{1}{2k+1} + \frac{1}{2k-1} + \cdots + \frac{1}{5} + \frac{1}{3}$$

リットル入った容器を3つ作ることができ，その2つに雑菌を入れられても，1つは無傷で残る。H_kやH'_kのように等差数列の逆数を次々に足したものを調和級数というが，調和級数は，ゆっくりとではあるがどんなものも発散することが知られている。実際，H'_kは$k=7$で$H'_7 \approx 1.0218$に達して1を超える。よって，もし容器がいくつでも使えるなら，この方法によれば8日目には容器の1つを満杯にできる計算だ。しかし，$k=7$の場合，$2k+1=15$だから初日に15個の容器を用意しなければならず，またしても容器の数が障害になる。

この方法では出荷までの日数は短縮できるが，容器の数はさらに多くなるから，どうしてもうまくいかないという気になるが，実はそうでもない。天邪鬼にダメにされる蜂蜜の量をなるべく少なくするという考えは有効そうだから，ともかく初日に使えるだけの容器をすべて使って1/8リットルずつを8個の容器に入れてみよう。天邪鬼は2つの容器に雑菌を入れるが，6個に入った合計$6/8=3/4$リットルの蜂蜜は無事だ。2日目には新たに1リットルが加わるから，ダメにされた2つの容器を洗浄して再利用し，8個の容器内の蜂蜜をすべて$(1+3/4)/8=7/32$リットルずつにする。そのためには，再利用した2つの容器には7/32リットルの蜂蜜を入れ，無事だった6つの容器には3/32リットルずつ追加すればよい。天邪鬼はまた2つの容器をダメに

するが，6容器合計で（1＋3/4）×6/8＝21/16リットルの蜂蜜は無事だ。これを繰り返すと1容器当たりの量はn日目には

$$\frac{1+(3/4)+(3/4)^2+\cdots+(3/4)^{n-1}}{8}$$

リットルになる。これは等比級数であり，nが大きくなると1/2リットルに近づくから，6つの容器全体では無傷で残る蜂蜜の量が3リットル近くになる。実際，5日目にはその量は全体で

$$3/4+(3/4)^2+(3/4)^3+(3/4)^4+(3/4)^5$$

となり，2.288リットルを超える。そこで6日目にはダメになった容器のうち1つだけを再利用し，7つの容器の量が均等になるようにすれば，1つ当たりは（1＋2.288)/7以上で0.469リットルを超える。そのうちの2つはまたダメにされるが，7日目には残った5容器に1/5リットルずつ，8日目には残った3容器に1/3リットルずつを追加すれば

$$0.469+1/5+1/3>1.002$$

だから，2つの容器をダメにされても，9日目には1リットル超えの容器が1つ残り，そこに新たに収穫した蜂蜜のほぼすべてを追加すれば出荷が可能になる。

なお，このやり方によれば，容器が7つしかなくても出荷可能になるが，それは12日目になりそうだ。これよりも少ない容器数で，あるいはもっと短い日数で出荷する手段を見つけた読者がおられれば，是非お教えいただきたい。

5度あることは
6度ある？

第165話

ヤマネの姪たちは奇妙な動きをする虫を好んでペットにしている。これまでに蟻や蜘蛛を紹介してきたが，さらに奇妙な虫はいないだろうかと，不思議の国の森や公園を物色中だ。

トランプ王宮の中庭を探していると，フライデイが急に立ち止まってみんなに声をかけた。「ねえ，ねえ，これは何かしら？　光の点がゆっくり動いていくのよ」。他の6人が寄ってきて見ると，確かに光点が一定のゆっくりとした速さで真っすぐに進んでいる。「あれ，ここにも別の光点があるわ」と，今度はサタデイが自分の足元を指さした。同じように一定の速さで直進している。

7人が不思議がっているところにグリフォンが通りかかった。早速，これ幸いとばかりサンデイが呼び止める。光点を見たグリフォンは，「ああ，こ

れは幽霊ホタルだよ。あまり出会うことがない珍しい虫だ。幽霊ホタルに遭遇するとは君たちラッキーだね。俺も随分長い間見てなかったな。こいつらはまとまって行動するから他にもいるかもしれないよ」。姪たちが探し回ると全部で4つの光点が見つかった。それぞれが赤，青，黄，緑に光っている。

「面白いわね。捕まえてペットにしましょうよ」とマンデイが言うと，「それは無理だ」とグリフォン。「このホタルは『幽霊』と呼ばれるくらいだから，どんな物体にも邪魔されることなく直進してしまう。捕まえておくことはできないよ。見ててごらん」と言って，ホタルの進路を遮るように自分の足をおいた。すると，ホタルは何も存在していないかのように足の中に入っていき，やがて反対側から現れた。

姪たちが残念そうに顔を見合わせていると，グリフォンは「お，これはもっと珍しい」と少し先のほうを指さした。見ていると，そこに2つの光点が寄ってきて，同時に同じ地点を通過した。互いに相手の進路を邪魔することはなく，通過後も何事もなかったかのように直進していったが，すれ違った瞬間には光の強度がアップして2つの中間の色でとても美しく輝いた。

「2匹の幽霊ホタルが同時に同じ場所を通過するというのは，俺も初めて見たよ。君たちはよくよくラッキーだね」とグリフォンが言ったが，それどころではなかった。見ていると，赤と青の対を除けば，ホタルたちが2匹ずつそれぞれ同じ場所を同時に通過するということが次々に5回起こり，その結果，見事な光のアトラクションが見られたのだ。

チューズデイが「これで赤と青の光が重なれば全部ね」と言うと，グリフォンはちょっと考えてから「まだそれが起こっていないなら，やがて確実に起こるさ」と言い，「あ，ただし赤の進行方向と青の進行方向が平行だと進路が交わらないからダメだけどね」と付け加えた。ウェンズデイが「え，進路が交わっていたとしても，そこに同時に到達するとは限らないんじゃない？」と疑問を呈すると，「いや，その点は大丈夫だ」とグリフォンは自信ありげだ。

さて，この辺で読者も参加してグリフォンの自信の根拠について考えていただきたい。念のため条件を整理しておくと，4匹の幽霊ホタルは同一平面上にある4本の直線上をそれぞれ一定速度で進んでいるが，その速さは同じとは限らない。4本の直線はどれも平行でなく，1点で3本が交わることもなく，計6つの交点を持つ。赤と青の対を除いたホタルの対はそれぞれの進路の交点を同時に通過した。この条件下では，赤と青の対もそれぞれの進路の交点を必ず同時に通過するということにグリフォンは確信を持っているようだが，それはどうしてだろうか？

第165話の解答

幽霊ホタルの動く平面に座標を導入して1匹のホタルの動きに着目するなら，それは直線上を一定の速さで進むのだから，時刻tでの位置座標は定数a，b，c，dを使って（$at+b$，$ct+d$）と表せる。時刻0における位置が（b，d）であり，速度ベクトル（単位時間の動きを表す方向ベクトル）が（a，c）である。同様にもう1匹の座標を（$At+B$，$Ct+\mathrm{D}$）と表せば，この2匹がある時刻tに同じ地点にいるということは

$$at+b=At+B,\quad ct+d=Ct+\mathrm{D}$$

が成り立つということになる。

うーむ。このように解析的に考えてこの問題を解くこともできそうだが，幽霊ホタルが4匹もいるので，時刻tでの位置を表すパラメーターは全部で16個にもなり，相当煩雑なことになりそうだ。これ以上は計算が得意な人にお任せすることにしよう。

では，どうするかということだが，ここは次元を上げて考えるのが効果を発揮する（これは「射影幾何学」と呼ばれる分野で用いられる方法だ）。ホタルの動きは2次元平面上だが，それを3次元で考えるのだ。と言っても，通常の3次元空間ではない。3本目の軸は時間軸である。時間軸を平面と垂直にとり，その3次元空間に各ホタルの動きをプロットしたグラフを考えるのだ。ホタルは平面内の直線上を一定の速さで進むのだから，このグラフもまた直線になる（ホタルはこのグラフを時間軸に平行な光線で平面に射影した直線上を進んでいる）。

赤，青，黄，緑のホタルの動きを表す直線グラフをそれぞれg_1，g_2，g_3，g_4としよう。条件より赤，黄，緑のホタルはどの2匹もそれぞれ遭遇するから，g_1，g_3，g_4は2本ずつ相互に交わり，当然同じ平面上にある。同様にg_2，g_3，g_4も同じ平面上にある。ところが，g_3とg_4の両方を含む平面は3次元空間内

ではただ1つに定まるから，g_1とg_2もその同じ平面上になければならない。

g_1とg_2が平行の場合，赤と青のホタルの速度ベクトルが同じ，すなわちその2匹は等距離を保ってずっと動き続けることは自明だろう。だからその動きの軌跡である直線も平行になるが，その状況は条件により排除されている。よって，g_1とg_2は平行でなく同一平面上にあるから，どこかで交わらねばならない。その交点が示す時間と場所で赤と青のホタルは必ず遭遇する。

こうして，4匹のホタルたちの遭遇はその5回目までは奇跡かもしれないが，6回目は必然であることがグリフォンにはわかったのだ。

はぐれ者，集まれ!

第166話

第165話で幽霊ホタルを捕獲できなかったからというわけでもないだろうが，ヤマネの姪たちは以前紹介した蟻に加え（第129話「大部屋と1人部屋どっちが好き？」，『数学でピザを切り分ける！パズルの国のアリス4』）別種の蟻を飼い始めたようだ。

アリスが訪ねると，サンデイが出迎え，「今度の蟻たちも奇妙な習性があるのよ」と言う。「黒い紙を貼ったビンの中に入れておくと，今までの蟻と同じようにたくさんの小部屋がある巣を作るんだけど，蟻を何匹かずつのグ

ループに分け，グループごとに適当な小部屋に入れると，小部屋の中で仲たがいでもするのか，数分後には各グループからはぐれ者が1匹ずつ出てくるの。そして，そのはぐれ者たち全員と，もともと1匹だけのグループだった蟻たち全員が空いている部屋にもぐり込んで新しいグループを作るの」。

「つまり，1匹のグループを含め，各グループから蟻が1匹ずつ離脱して，その全員で新しいグループを作って別の空き部屋を占拠するというわけね」とアリス。

「そうよ」とマンデイが話に加わる。「蟻たちは数分ごとにその離合集散を繰り返すんだけど，ここからがもっと面白いのよ。あたしたち，7人いるでしょ。それで各自が1つのビンを管理することにして，7つのビンそれぞれに巣を作らせた後，各ビンに蟻を36匹ずつ入れたの。いろんなことが起こるようにと，36匹すべてを1グループにして1つの小部屋に入れたり，たくさんの小部屋に数匹ずつ分けたり，グループ分けは様々にしてね。ところが数時間後に見てみると，どのビンにも蟻が1匹の小部屋，2匹の小部屋，3匹の小部屋，……，8匹の小部屋がそれぞれ1つずつ存在しているの」。

アリスは「その状態になると離合集散をやめるのかしら」と言いかけて，「いや，そうじゃない」と気がつく。

「そう」とチューズデイが口を挟む。「その状態になっても，はぐれ者が出て新しいグループを作るというのを繰り返すのだけど，8つの小部屋から1匹ずつ蟻が出てきて新しく8人部屋を作り，前からのグループは1匹ずつ数が減って1人部屋から7人部屋までが1つずつ残るのだから，各小部屋にいる蟻の数は小部屋全体では変わらないというわけ。だけど，不思議なのは，最初のグループ分けがどうであっても，必ずそういう状態に落ち着いてしまうらしいという点ね。どうしてかしら？」

ヤマネの姪たちが観察したこの事実は正しいのだが，読者のみなさんにはこの証明を考えていただきたい。それが今回の問題だ。

第166話の解答

読者にはまず，36枚のカードを好き勝手に分割してカードの山をいくつか作り，この蟻たちの動きをシミュレートしてみることをお勧めする。ちょっと忍耐は必要だが，蟻の動きを十分な回数シミュレートすると，最初にカードをどのように分けようと，やがて1枚から8枚までの山が1つずつになり，あとはその状態がずっと保たれる。

これがどうしてかというのが今回の問題だが，あるプロセスを繰り返すことで，一定の状況に達したり，少数の状況が何度も繰り返し出現したりすることを証明するのにしばしば使われる手段が「不変量」や「一方向量」だ。つまり，状況が変化しても不変な量や，状況が変化するたびにどんどん減少したり，どんどん増加したりする量を見つけ，その量が一定の限界値よりも下がったり上がったりしないことを示すことが，この種の問題を解くための標準的なアプローチだろう。

蟻の総数（＝36）は立派な不変量ではあるが，この問題にアプローチするには役に立ちそうにないので，もっと繊細な量を探す必要がある。そこで，一般に蟻の総数をnとして，各グループの蟻の数をn_0，n_1，……，n_{k-1}としよう。kはグループ数で，もちろん$n_0+n_1+\cdots\cdots+n_{k-1}=n$だ。この問題では，各グループをどう並べるかは重要ではないので，蟻の数の多い順にグループを並べ直し，$n_0 \geqq n_1 \geqq \cdots\cdots \geqq n_{k-1}$としてよい。そこで，この状況を右ページの図①の左のような階段状の図で表すことにする。この図は，グループが4つでそれぞれが6匹，6匹，4匹，1匹の蟻からなり，合計17匹という状況を表す。さてこの状況で，各グループから1匹ずつ蟻が離脱して新しいグループを作ったという状態を同様に表すと，図①の中央のような図になる。すなわち，左図で各部屋の左端の（黄色に塗った）蟻たちがグループを跳び出して，中央の図の一番下の新しいグループを作ったというわけだ。ただし，これでは蟻の数が多い順にグループが並んでいない。そこで，その状況を達

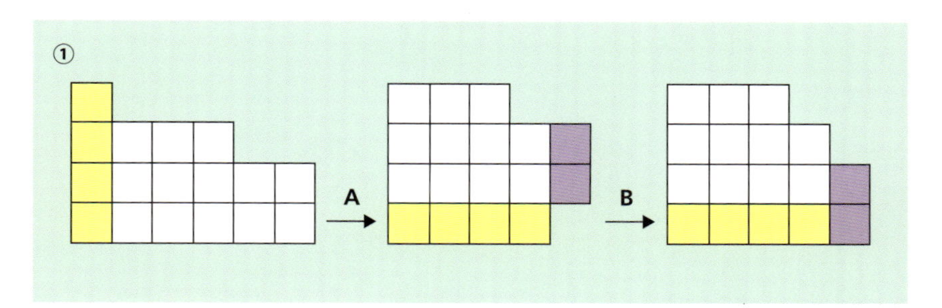

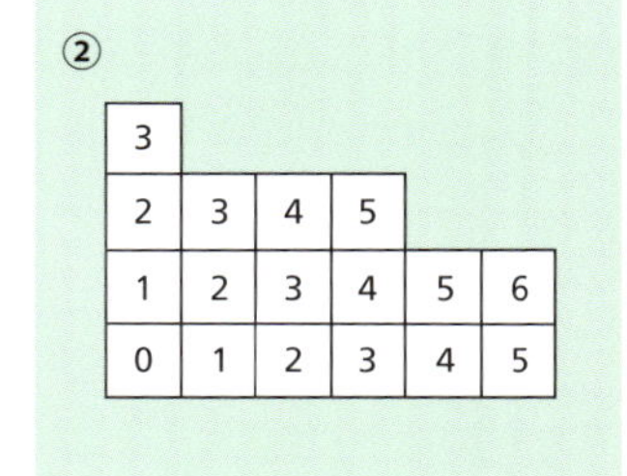

成するために，（一番下のグループを2段上に持ち上げてもよいのだが）下の支えがなくなった（紫に塗った）蟻たちが重力の影響でストンと一段ずつ下に滑り落ちる（図①の右図）と考えるほうが，後の説明との親和性がよくなるようだ。問題は，各グループを構成する蟻の数だけで，個々の蟻の動きではないからこのように考えてもよいことは自明だろう。そうすると，蟻の離合集散の動きは，図①の矢印で示したAとBの2つの動きの連続と考えることができる。

さて，ここで各蟻の位置を座標で表し，一番左下の蟻の位置を（0，0）とする。さらに，その右隣の位置を（1，0）とし，上の位置を（0，1）とする。以下同様に蟻の位置に座標を振っていくと，一般に蟻の位置は非負整数m，nを使って（m，n）と書ける。$m+n$を各蟻の位置エネルギーとしよう。そして，蟻のグループ編成が持つエネルギーを各蟻が持つ位置エネルギーの総和と定義する。例えば｛6，6，4，1｝というグループ編成の場合，各蟻を表すマスに位置エネルギーを書き込むと，図②のようになるから，その編成が持つエネルギーは53である。

次にこの編成が図のAとBの動きを行うとエネルギーがどうなるかを考えてみよう。実は，Aの動きではエネルギーは変わらない。なぜなら，新しいグループを作る（黄色に塗った）蟻たちの位置は（0，n）から（n，0）へ変わると考えることができるので，その位置エネルギーは変わらない。また，元のグループにとどまる蟻の位置は（m, n）からその左上の（$m-1$, $n+1$）へ変わるだけだから，やはり位置エネルギーは変わらないからだ。

問題はBの動きだが，この動きがあるとエネルギーは確実に下がる。紫に塗られた各マスの蟻の第1座標は変わらないのに第2座標が1下がるからだ。つまり，グループ編成全体としては紫マスの蟻の数だけエネルギーが減ることになる。例えば｛6，6，4，1｝から1回編成替えが行われると｛5，5，4，3｝というグループ編成になるが，そのエネルギーは2下がって51になる。

ここまでで，蟻たちの離合集散が繰り返されるとグループ編成が持つエネルギーは下がっていく一方であることが確認されたが，エネルギーの値が負になることはもちろん起こりえないので，ある段階でエネルギー減少は止まる。つまり，そこからあとはBの動きは一切起きず，Aだけが繰り返されることになる。

そこで，位置エネルギー$k-1$の座標（m, n）には蟻がいないのにそれより高い位置エネルギーkを持つ座標に蟻がいる場合を考えて，この場合に蟻が離合集散の動きを繰り返していると，Aだけではすまず，いつか必ずBの動きが生じることを証明しよう。もしAの動きだけしかしていないならば，各蟻は1回のAの動きでは左上に1マスずれていき，左端（0, p）の位置に到達したら，次は一気に右下の（p, 0）へ進むということを周期的に繰り返すことになる。これは蟻のいない空きマスも同様で，Aの動きがあるたびに左上にずれていく。よって，位置エネルギー$k-1$の空きマス（m, n）は$m+1$ステップ後に（$k-1$, 0）にくるということを確認されたい。この時点で位置エネルギーkのマスにいる蟻の座標を（a, b）としよう。ここで注目すべきは，位置エネルギー$k-1$の座標にいる（蟻や）空きマスの動きの周期がkなのに，位置エネルギーkの座標にいる蟻の動きの周期は$k+1$であることだ。さらにAの動きをkステップ行うと位置エネルギー$k-1$の空きマスはいつも（$k-1$, 0）に戻るのに対し，位置エネルギーkの蟻は元には戻りきらず（$a+1$, $b-1$）の位置にくる。こうして，Aの動きをk回行うごとに，その蟻の第2座標は1ずつ下がり，いつか（$k-1$, 1）になるが，（$k-1$, 0）は空きマスなので，支えがなくなって1段落ちる，つまりBの動きが生じることになる。

さて，これで準備が整ったので，元のパズルの問題を考えることにしよう。位置エネルギーが0のマスは，明らかに（0, 0）だけだ。一般に位置エネルギーがkのマスは，（k, 0）から（0, k）まで$k+1$個ある。36匹の蟻を位置エネルギーの低いマスから順に入れていくと$1+2+3+4+5+6+7+8=36$だから，位置エネルギーが0から7のマスまでがすべて埋まり，あとは8以上のマスしか残らない。もし位置エネルギー7以下のマスの1つが空いているとすると，蟻のうち1匹は位置エネルギー8以上のマスにいるはずだから，上の議論でみたようにいつかBの動きが生じ，エネルギーが下がらざるを得ない。そうならない唯一のグループ編成は{8, 7, 6, 5, 4, 3, 2, 1}だけというわけだ。

なお，すでにお気づきの読者もおられるかと思うが，この議論は蟻の総数が三角数$n(n+1)/2$の場合に一般的に成り立ち，その場合，最終的なグループ編成は{n, $n-1$, ……, 2, 1}に落ち着く。また，蟻の総数が三角数でない場合はただ一つの最終状態に落ち着くわけではないが，結局は少数の編成が周期的に繰り返される段階に到達することになる。その少数の編成はどれも「ある位置エネルギーに対してだけ空きマスと蟻がいるマスが共存し，それ未満のエネルギーのマスはすべて蟻で埋まり，それより上のマスには蟻がいない」というものになる。

インフルエンザ，再び流行！

第167話

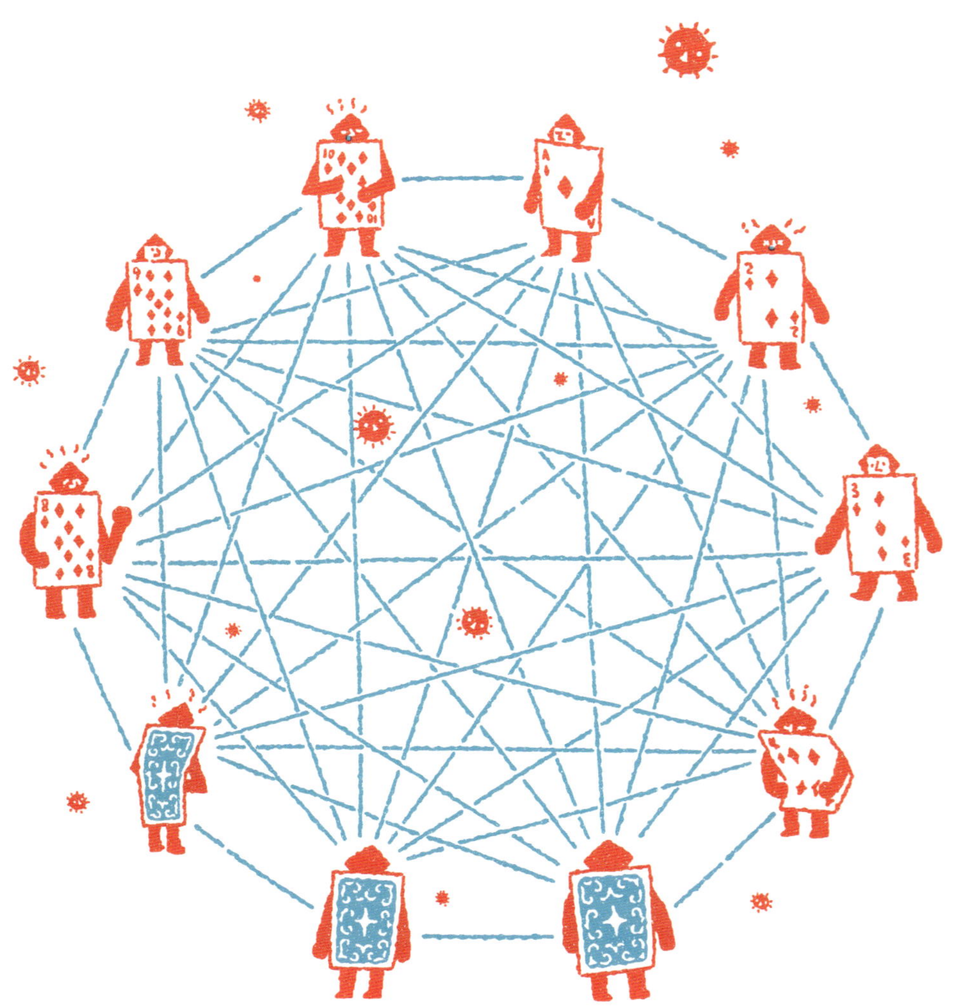

新型コロナウイルスによる感染症はウイルスの進化とともに重症化リスクは小さくなったと言われているが，感染力はかえって増し，世界中を騒がせ続けた。

さて，前に不思議の国を襲ったインフルエンザについて述べたことがあるが（第27話「スペード兵士間のインフルエンザ感染」，『パズルの国のアリス　美しくも難解な数学パズルの物語』），この脅威も繰り返すようで，不思議の国ではまたインフルエンザが大流行している。困り果てたトランプ王室は，ワクチンを打って免疫が確認されるまでは，兵士たちが免疫のない他の人と会うことをいっさい禁じた。

しかし，このような禁止令が徹底しないのは現実の世界でも不思議の国でも同じであり，ほぼ必ず違反者が出てくる。禁止令の発令前は兵士全員が陰性だったのに，発令してから全員の免疫が確認されるまでの間にダイヤの兵士の中で次々に感染者が出て，ついには10人全員が発症してしまった。みな重症化することなく数日で回復し，完全な免疫がついたのは不幸中の幸いだったが，ダイヤの兵士たちは怒り心頭のハートの女王に徹底的に問い詰められ，互いに秘密裏に会食していたことをそれぞれ白状した。

彼らの自白によれば，会食はすべて2人だけで行われ，3人以上によるものはない。また，会食の回数はダイヤの兵士全体で延べ18回であり，1回の会食を2人の兵士が数えていることから，会食は全部で9回あったと考えられる。最初の感染者は王宮外部からウイルスを持ち込んだと思われるが，ウイルスの感染力から考えて，あとは会食時にうつったとすれば，残り9人全員の感染も納得がいく。

この想定が正しいとして，ハートの女王はさらに問い詰め，9回の会食はそれぞれ誰と誰のものだったかを明らかにしようと考えている。そこで，今回の問題として読者のみなさんに考えていただきたいのは，ダイヤの兵士10人全員の感染というこの悲惨な結果をもたらす会食ペア9組の組み合わせには全部で何通りのバラエティーがあるかということだ。

10人から2人を選んで作る会食ペアには${}_{10}C_2 = 45$の可能性があるから，

この中から9ペアを選ぶ組み合わせには${}_{45}C_9$の可能性がある。さすがにこの組み合わせのすべてが全員感染という結果をもたらしうるわけではないが，それでも相当の数の組み合わせが存在するので，それが何通りあるかを考えていただきたい。

実は，全員感染が起こるには会食順も重要で，会食時に2人がともに陰性だったならば感染が起こらないわけだが，今回の問題では会食の順番は問題にしないことにして，たまたま全員感染が起こる不幸な順に会食が行われたものとする。

第167話の解答

答えは非常にピッタリとした端数のない数になる。10^8，すなわち1億だ。どうしてかというと，全部の組を書き出して説明するわけにもいかないから，まずは各組がどういう特徴を持つかについて分析することにしよう。

例えば，ダイヤの兵士たちの会食が2-10（ダイヤの2とダイヤの10の会食），2-6，2-8，8-9，8-A，8-5，A-4，A-7，7-3という順にあり，ダイヤの2が外部からウイルスを持ち込んだ最初の感染者だとすれば，次々に感染してダイヤの兵士全員が罹患することは納得していただけるだろう。実はこの全員感染は，最初の感染者が誰であっても，同じ組からなる会食があれば，会食順だけが変わることで起こりうる。仮にダイヤのAが最初の感染者の場合，A-8，A-4，A-7，7-3，8-9，8-5，8-2，2-6，2-10の順に会食があれば全員感染が起こる（各ペアの左の人から右の人に感染する）。

会食の組み合わせの特徴を把握するために，各兵士を点で表し，会食した人どうしを線分で結んだグラフを作ってみよう。例えば上の組み合わせであれば次ページの図のようになる。このグラフの特徴は，10個の点すべてが9本の辺で互いに結ばれていて，閉路を含んでいないことだ。

このようなグラフは，グラフ理論で「全域木（spanning tree）」と呼ばれている（以下，便宜上，グラフ理論の言葉を用いて説明するが，グラフ理論を知らなくても答えにたどり着けるので，ぜひついてきてほしい）。10個の点を9本の辺で結んだグラフは，全域木にならなければ非連結であるから，全員感染は起こりえない。逆に連結ならば，最初の感染者が誰であっても会食をしかるべき順に行えば全員感染が起こりうる。というわけで，問題は10個の点からなる全域木を数えあげる問題に帰着されるが，少し注意しておいたほうがよいのは，各点にAから10までの名前が振られていること，つまりグラフ理論での「ラベル付き全域木の数えあげ」という問題になることだ。

この問題の解答は，グラフ理論では「ケイリーの公式」という名で知られている。「n個の点からなるラベル付き全域木の総数はn^{n-2}である」というもので，このnに$n=10$を代入すると先の1億という答えが得られる。

「ケイリーの公式」と呼ばれるにもかかわらず，この公式を最初に与えたのはケイリー（Arthur Cayley）ではない。ケイリーよりも前にボルヒャルト（Carl Wilhelm Borchardt）やシルベスター（James Joseph Sylvester）が独立に証明している。しかし，ここでは彼ら3人のいずれの証明でもなく，プリューファー（Ernst Paul Heinz Prüfer）によるエレガントな考え方を紹介しよう。

n個の頂点からなる「木」（閉路を含まないグラフ）すべての集合T_nを考えよう。木の各頂点には0から$n-1$までの異なるラベルが付いていて，互いに区別されるとする。プリューファーの証明は，この集合T_nの要素と，0, 1, 2, …, $n-1$から$n-2$個の数字を選んで並べた$n-2$桁の数字列とを1対1に対応させるというものだ。それができれば，T_nがn^{n-2}個の要素からなることは自明だろう。なぜなら，各桁の数字の選び方はn通りあるので，$n-2$桁の数字列は全部でn^{n-2}通りあるからだ。

$t \in T_n$とし，tに対応づける数字列$\varphi(t)$を次のように定義する。木の「葉」とは，木の頂点のうち他の頂点と結ばれている辺をただ1つしか持たないものをいう。例えば下のグラフは，ラベルAを1，ラベル10を0に読み替えればT_{10}の要素になるが，0，6，5，3，4，9の6つの頂点を葉として持つ。木は（頂点の数よりも辺数のほうが少ないから）必ず葉を（2つ以上）持つことは明らかだ。木tの葉のうち一番小さい数をラベルに持つものをb_1とし，b_1がつながっている頂点のラベルをc_1とする（左下のグラフでは，$b_1=0$, $c_1=2$）。b_1とそれをつなぐ辺を除去したグラフt'を考えるとt'も木であるから，同様に葉のうち一番小さい数をラベルに持つものb_2とそれがつながっている頂

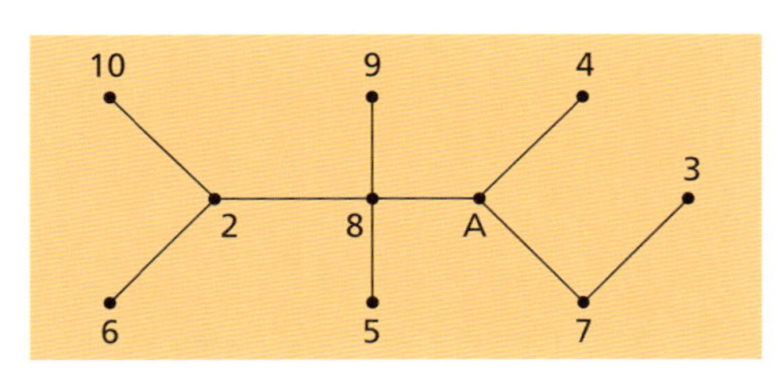

点のラベルc_2が定義される。こうして同様に頂点b_1，b_2，…を除去しながらラベルc_1，c_2，…を定めていくと，グラフは最後に2点だけになり，ラベル列$c_1c_2\cdots c_{n-2}$が定まる（左ページのグラフの場合，27182818だ）。このラベル列こそ，木tに対応させる数字列$\varphi(t)$であり，tの「プリューファーコード」と呼ばれる。

木とプリューファーコードが1対1に対応することを証明するには，0，1，…，$n-1$から$n-2$個の数字を選んで並べた任意の数字列cから木$t \in T_n$が必ず復元でき，$c=\varphi(t)$となることを示せばよい。コードから木を復元するのは次の操作によって可能だ。まずプリューファーコード$c=c_1c_2\cdots c_{n-2}$内に現れている数が最初に除去された葉のラベルであるはずはない。そこでコード$c_1c_2\cdots c_{n-2}$内に現れない数字で最小のものをb_1として，それが除去されたと考えると，b_1がつながっていた頂点のラベルはコードの左端の数字c_1とわかる。よってb_1-c_1という辺を復元する（コードが27182818の場合，辺0-2を復元する）。2番目に除去された頂点のラベルb_2はb_1ではないし，$c_2\cdots c_{n-2}$に現れるはずもないので，これらを除く数字のうち最小のものをb_2と考え，辺b_2-c_2を復元する〔コードが27182818の場合，b_1（$=0$）でなく7182818に現れない最小数3をb_2と考えて辺3-7を復元する〕。以下，同様にb_1，…，b_{i-1}でなく$c_i\cdots c_{n-2}$に現れない最小の数字をb_iとして，辺b_i-c_iを復元していく。辺b_1-c_1から辺b_{n-2}-c_{n-2}までが復元できたら，b_1，b_2，…，b_{n-2}以外の2つの数字ラベルを結ぶ辺を作って復元作業の完了だ。これでうまくいくことの厳密な証明は省略するが，読者は実例をいくつかやってみることで，木からコードを作る操作と，コードから木を復元する操作が互いに逆操作になっていることに納得がいくだろう。

プリューファーコードを使えば，10人全員の感染を引き起こしうる会食の組み合わせすべてに00000000から99999999までの番号を振ることができるし，逆に（表のようなものを作ることなしに）番号を構成する8桁の数字だけから会食の組み合わせを特定することができる。

はったりの効果

第168話

白の騎士がまた奇妙な装置を発明した。スイッチを押すと，0以上で1以下の数値を1つ生成して紙に印刷するというものだ。印刷されうる値はまったく均一（一様ランダム）である。

例のマハラジャ出身と噂される賭け事好きのお大尽がその装置のことを聞きつけ，「連続ルーレット」として賭けに使おうと飛びついた。賭けは単純なほうがよいというわけで，装置を使って自分ともう1人がそれぞれ1つずつ数値を印刷し，大きいほうが勝ちというものを考えたが，それだけではあ

まりに芸がない。そこで，あえて自分が不利な状況の賭けを好むお大尽は，次のようにアレンジを加えてみた。

例えば賭けの相手をアリスとし，1回の賭け金を銀貨1枚としよう。アリスもお大尽も相手の数値は未知だが，自分の数値は見ることができる。ここで，アリスにだけ賭け金を2倍にする「レイズ」の権利が与えられ，アリスはこの権利を使うかどうかを決める。レイズしなければ，互いの数値を比較して大きい数値を持つほうが相手から銀貨1枚を得る。レイズすれば，前述のとおり賭け金は2倍になる。ただし，お大尽はそのレイズを受け入れる（コール）こともできるし，賭けからおりる（フォールド）こともできる。フォールドすれば，数値を比較することなくお大尽は銀貨1枚をアリスに支払わねばならない。一方，コールすれば2人の数値を比較し，負けたほうが銀貨2枚を相手に支払うことになる。

レイズの権利がアリスに何の不利益ももたらさないことは明らかだ。なぜなら，自分が不利と思えばその権利を使用しなければよいだけのことだからだ。今回の問題は，レイズの権利をうまく使うことでアリスがどのくらい有利になるかを考えていただくというものだ。

お大尽は自分が不利であるような状況を楽しんでいるとはいえ，わざわざ損になるような方針はとらない。不利であってもそれなりに最善を尽くすものとする。例えば，アリスがレイズしてきたときにいつでもフォールドするというようなことは論外である。アリスがそのことに気がつけば，毎回レイズしてくるに違いなく，それはお大尽にとって毎回銀貨1枚を失うことを意味するからだ。

そこで，お大尽が採用する方針は，ある閾値tを決めておき，自分の数値がt以上ならばアリスのレイズを受け，t未満ならばおりるというものが普通だろう。この場合のアリスの最適戦略を考えていただくのが，最初の問題だ。まず，ウォーミングアップとして，$t=0$のとき，つまりお大尽がアリスのすべてのレイズに対してコールするとき，アリスの最適戦略はどういうものだろうか？　またそのときに得られるアリスの利得期待値を求めていただきたい。さらに，一般のtに対しては，アリスの戦略は（tの値がわかっているとして）どういうものになるだろうか？　アリスは，自分の数値が小さいときには，いわゆるはったり（ブラフ）をして，あえてレイズすることでお大尽のフォールドを期待するという戦略がとれるが，それはどういう場合に有効だろうか？

最後の問題としては，賭けを何度も繰り返していると，お大尽の使っている閾値tが次第に明らかになってしまうが，そうなったときでも，お大尽が損失を最小限にくいとめるにはtの値をどう設定するのがよいかを考えていただきたい。

第168話の解答

ウォーミングアップ問題は簡単だろう。お大尽はすべてのレイズにコールするのだから，アリスは自分の勝つ確率が1/2以上ならばレイズして賭け金を2倍にするのがよく，確率が1/2未満ならばレイズしないほうがよい。アリスの数値をxとし，お大尽の数値をyとしよう。yの値は区間 $[0, 1]$ に一様分布するのだから，$y < x$の確率はxであり，$x \leqq y$の確率は$1-x$だ。よって$x \geqq 1-x$すなわち$x \geqq 1/2$ならば，アリスはレイズするのがよく，反対に$x < 1/2$ならレイズしないのがよい。この場合のアリスの利得も簡単に計算できるが，あとの問題を考えるため，あえて積分の式で表現してみよう。レイズしなかった場合，アリスの得る期待枚数は

$$x-(1-x) = 2x-1$$

となり，レイズした場合の期待枚数は，

$$2x-2(1-x) = 4x-2$$

となるから，全体をxに関して積分すると

$$\int_0^{1/2}(2x-1)\,dx + \int_{1/2}^{1}(4x-2)\,dx$$

$$= \left[x^2-x\right]_0^{1/2} + \left[2x^2-2x\right]_{1/2}^{1} = -\frac{1}{4} + \frac{1}{2} = \frac{1}{4}$$

となり，1回あたりのアリスの利得は銀貨1/4枚と期待される。

では，$t > 0$の場合には，アリスはどういう戦略をとるのがよいだろうか？ レイズしない場合のアリスの利得期待値が$2x-1$になるのはtがいくつであろうと変わらない。レイズするとどうなるだろうか？　アリスの数値xがt以上の場合を先に検討しよう。お大尽は，$y<t$ならばフォールドするし，$y \geqq t$ならばコールするわけだから，$y<t$ならアリスは銀貨1枚を得る（確率t）。また，$t<y<x$なら銀貨2枚を得て（確率$x-t$），$x<y \leqq 1$なら銀貨2枚を失う（確率$1-x$）。したがって$x \geqq t$の場合に，アリスがレイズして得

られる銀貨枚数の期待値は

$$t+2(x-t)-2(1-x)=4x-t-2$$

である。これがレイズしない場合の期待値$2x-1$以上になる場合，すなわち$x \geqq (1+t)/2$の場合にはアリスはレイズしたほうが得ということになる。

さて，次の問題は$x<t$の場合にはアリスは決してレイズしないのがよいかということだ。お大尽は自分の数値が悪いとアリスの数値が0であってもフォールドするかもしれないから，いわゆるはったり（ブラフ）をやったほうがよい場合があるかもしれない。ブラフが成功するのは$y<t$の場合（確

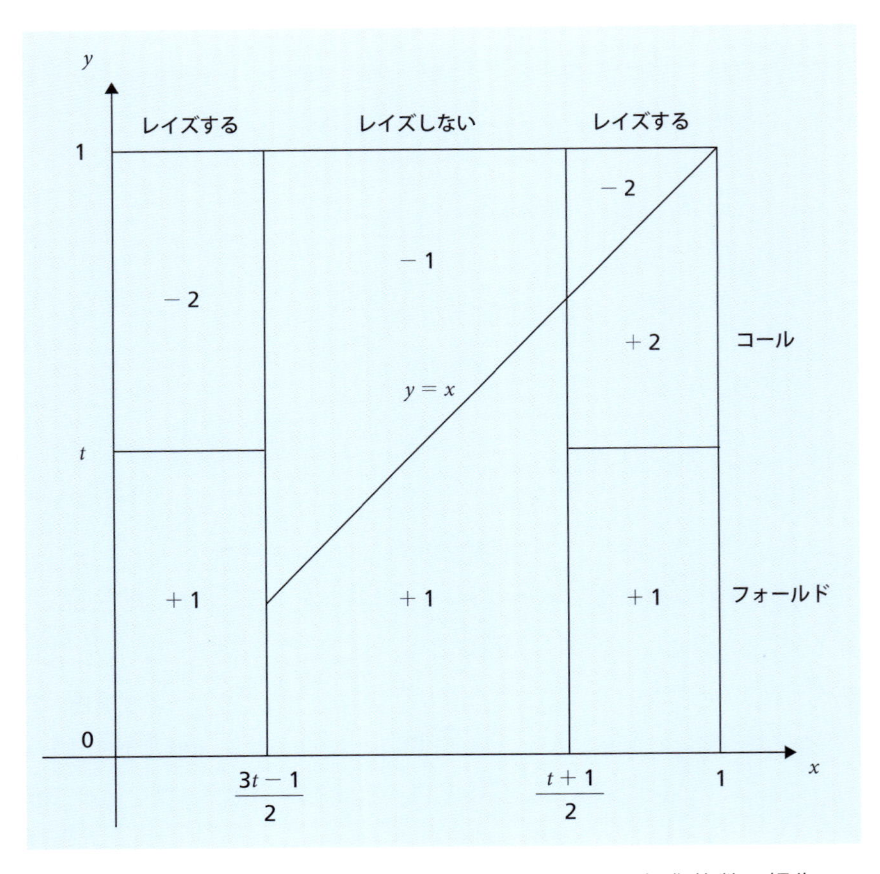

アリスの数値がxで，お大尽の数値がyの場合のアリスの銀貨枚数の損失。

率t）であり，それ以外の場合（確率$1-t$）は，コールされてアリスは銀貨2枚を失う。よって，ブラフによって得られる銀貨枚数の期待値は

$$t-2(1-t)=3t-2$$

となる。これがアリスがレイズしないときの期待値$2x-1$を上回る場合，すなわち，$x<(3t-1)/2$の場合に，ブラフは効果を発揮する。

以上をまとめると，お大尽の使っている閾値tが予想できるなら，アリスは自分の数値xが（$3t-1$）/2未満または（$t+1$）/2以上のときにレイズし，$(3t-1)/2 \leqq x \leqq (t+1)/2$のときはレイズしないでそのまま勝負するのが良策といえる。そのときにどうなるかをグラフに描くと左ページのようになるので，参考にされたい。横軸にアリスの数値x，縦軸にお大尽の数値yをとった。また，グラフの中の＋1とか－2とかの数値はアリスの側から見たときの銀貨枚数の得失である。

この戦略でアリスが得る銀貨枚数の期待値は

$$\int_0^{(3t-1)/2}(3t-2)\,dx+\int_{(3t-1)/2}^{(t+1)/2}(2x-1)\,dx+\int_{(t+1)/2}^{1}(4x-t-2)\,dx$$

となる。いささか面倒だが，簡単な積分ばかりなので，地道に計算すれば

$$\frac{1}{10}(5t-2)^2+\frac{1}{10}$$

という値が得られる。積分計算が苦手な読者は，左ページの図の各領域の面積を計算し，それに領域内に書かれた銀貨得失枚数を乗じて，総和をとっても同じ値が得られる。

式からすぐにわかるように，この値は$5t-2=0$すなわち$t=2/5$のとき最小値1/10をとる。よって，お大尽は，2/5を閾値tとして採用すれば，アリスが最適戦略をとったときでも1回あたりの平均で1/10枚以上の銀貨を失うことはない。

最長のスタンプラリー・ルートを探せ！

第169話

近隣の住人にしかあまり知られていないが，鏡の国にも温泉がある。東ナイト駅の北に建設中の新しい鏡の国博物館から，さらに北へずっと入っていく山道があり，そのドン詰まりが温泉なのだ。結構湯量が豊富で湯温も高いアルカリ温泉である。

もっと観光資源として利用しようという声がチェス王室の中で高まり，有

識者を集めた諮問委員会で振興策を検討することになった。委員の一人として招かれたハンプティ・ダンプティが言う。「温泉に至る途中の山道も風光明媚だから，それを活用しない手はありませんな。……うーむ，まず山道の入り口には建設中の博物館があり，途中には物言う花々が咲き誇る公園もあります。あの花たちはちょっとやかましい気もしますけど，他にも観光ポイントになるものがいくつかあるので，最近のはやりに便乗して，それらを巡る景品付きのスタンプラリーというのはどうですかな」。

調べてみると，博物館，公園，温泉を含めてスタンプを預けておけそうな事務所がある観光ポイントが全部で8カ所見つかった。

ところが，王室代表の白の騎士が難点を指摘した。「スタンプラリーで仮に全ポイントを巡るとして，博物館を皮切りにあとは，順に北へ北へポイントを辿っていけば，最後に温泉に着いた時には自然にスタンプが集まってい

るということになります。もっと面白みのあるような企画はないですかね」。
「うーむ」と全委員が考え込んだが，やがて，大工が次のように提案した。
「山道自体は，それほど勾配がきついわけでもなく，途中の風景も美しいので散歩にはうってつけですな。最近は健康志向を心掛ける人も多いから，長く散歩を楽しんでもらうという意味でこうしたらどうでしょう。ラリー参加者はスタンプ台帳に各観光ポイントのスタンプを押してもらうわけですが，8種のスタンプは必ず左詰めで順に押していく。そうすれば，どの順にどのポイントを巡ったかの記録が残りますね。すると，参加者がスタンプラリーを通して歩いた距離の合計がわかりますから，その距離に応じて景品に差をつけるというのは，いかがですか」。

委員会はおおむねその案でまとまり，長く歩いた人には短い人よりよい景品を出すことになった。

ここで問題だ。観光ポイントは8つあるので，南から北へAからHまでの記号を振ることにしよう。最短のスタンプラリー・ルートは明らかで，Aの博物館から始めて，B，C，……とHの温泉まで順にスタンプを集めていくことだ。では，最長はどうなるだろうか？　なお，隣接する観光ポイント間の距離は南から順に，0.4，0.3，0.6，0.5，0.9，0.5，0.6で，単位はすべてkmとする。

最短のコース長は，考えるまでもなく0.4＋0.3＋0.6＋0.5＋0.9＋0.5＋0.6＝3.8kmだが，ポイントを巡る順番を変えることでこれをどこまで伸ばせるだろうか？　もちろんAからBとCをとばして先にDへ行く場合でも，特別な近道などは存在しないから，0.4＋0.3＋0.6＝1.3km歩くことになる。

第169話の解答

この問題を最初に聞いたとき，悪名高い難問「巡回セールスマン問題」を連想された読者がおられるかもしれない。これは，セールスマンがいくつかの営業拠点を全部回るときに，移動コストが最小になるような経路を求める問題であり，今回のパズルの問題とかなり似ている面がある。回る拠点が2～3カ所ならば手計算でも解けるが，4カ所，5カ所と増えるにつれ計算量が飛躍的に増大していく。

ここでは詳しい説明をしないが，巡回セールスマン問題は，「NP完全」であることが知られている問題で，証明はされていないものの計算量が多くなりすぎて，高性能コンピューターを使っても現実的な時間内に計算が終わらないタイプの問題だと信じられている。つまり，数学用語を使って言い換えると，「多項式時間で解ける」とは誰も信じていない問題といってよい。

多項式時間とは，計算量を表す言い方で，n（ここでは拠点の数）が増えると計算量がどのように増えていくかを示す。線形時間ならば$2n$や$3n$といった増え方なので，nが大きくても十分に解ける。多項式時間ならばn^2やn^3のように増えていったりするが，これでも手に負える。一方，2^nや3^nのように指数関数的に計算量が増えていくと，お手上げとなってしまう。

今回のパズルは，全観光ポイントを巡り，移動距離が最長になるようなルートを求める問題だから，他の条件がなければ，実質的に巡回セールスマン問題に帰着できる大変な難問になりそうだが，実は多項式時間どころか線形時間で解けるやさしい問題である。問題をやさしくしている条件とは，全観光ポイントが1本の山道の上に一列に並んでいることであり，その山道から外れるルートが存在しないことだ。例えば，最短のルートであれば一番南のポイントから順次北に進むか，その逆コースであることは誰の目にも明らかだ。

しかし，求めるものが最短ルートではなく最長ルートだから，そのことが問題を少し難しくしている。実際に歩き回ってみれば，最長ルートの候補はすぐに見つかるのだが，それより長いルートが存在しないことを証明するのが難題だと感じるかもしれない。それこそ巡回セールスマン問題を難しくしているのとまさに同じ事情なのだが，山道が一本道だということを利用すれば，最長ルートがどういうものにならねばならないかがわかる。

ルートは8つのポイントを1回ずつ巡ればよいのだが，最後のポイントからまた起点のポイントまで戻る周遊ルートを考えたほうが，考えやすくなりそうなので，まずはそうすることにしよう。そのような周遊ルートで最長のものはどういうものだろうか？

周遊ルートを考えることで，全部で8! 通りあったルートの総数が円順列の7! 通りに減るが，それが重要なのではない。隣接する観光ポイント間を最大何回通ることになるか，それが見積もりやすくなるのがツボだ。

例えば，AB間は0.4kmだが，周遊ルートではこの区間を最大何回通れるだろうか？　そこを通るのはAより北のポイントからAに来て，Aより北の別のポイントに進んだときの2回だけだ。それ以外の移動はすべてAより北で行われているのでAB間を通ることはない。同様にGH間の0.6kmの区間も最大2回しか通ることはない。では0.3kmのBC間はどうだろう？この場合は，観光ポイントを南のA，Bと北のC, D, E, F, G, Hとの2つのグループに分けて考えると，区間BCを通るのは北のグループから南のグループへ進んだ場合とその逆の場合だけだから，周遊ルートでは最大4回しか通ることがないことがわかる。以下同様に考えていくと，隣接する各観光ポイント間を通ることができる最大回数は周遊ルートの場合，南から順に2，4，6，8，6，4，2回だとわかる。よって，周遊ルートは最長でも

$$2 \times 0.4 + 4 \times 0.3 + 6 \times 0.6 + 8 \times 0.5 + 6 \times 0.9 + 4 \times 0.5 + 2 \times 0.6$$
$$= 18.2\text{km}$$

を超えないことが証明された。

そして実際にこの最長を達成するルートが存在するのだ。それは簡単で，観光ポイントを南グループのA～Dと北グループのE～Hとに分けて，南グループに属するポイントと北グループに属するポイントとを（どういう順でもよいから）交互に訪問するルートだ。読者は，これで上の最長の周遊が達成されることを確認されたい。

さて，我々の実際の目標は周遊ルートではないので，最終ポイントから起点ポイントに戻る経路が不要だ。そこで起点と終点をどこに定めるかが問題になるが，実はこの問題は簡単に解決される。最長周遊ルートでは0.5kmのDE間を8回通るが，周遊ルートでない限り，観光ポイントを行ったり来たりすることがそもそも全体で7回しかないから，DE間を通る回数は7回に制限されることになる。

よって，すべての観光ポイントを巡る周遊ではないルートは最長でも18.2－0.5＝17.7kmである。実際，起点をDとし，北グループに属する観光ポイントと南グループに属する観光ポイントとを交互に訪問して，Eで終わるルート，またはその逆ルートがこの最長を達成することを確認するのは容易だろう。

上の考え方は，観光ポイント数が偶数の場合に一般に有効だが，最後に観光ポイント数が奇数の場合について述べておこう。この場合に同じ問題を考えると，真ん中の観光ポイントMを起点として，そこから南北のポイントを交互に訪問し，最後にMに一番近い観光ポイントで終わるルート，あるいはその逆ルートが最長になる。そのことの証明は，少しだけ複雑になるが，ほぼ上と同様の議論で可能である。

チェス大会の優勝決定戦

第170話

各王国からの代表を迎えて開催されるチェス王室主催のチェス大会もいよいよ大詰めを迎えていた。大会は何日かにわたって各国からの代表どうしが総当たりするリーグ戦形式で行われていた。最終的な成績を比較すると鏡の国代表の座を射止めて出場していた赤のルークと不思議議の国代表のダイヤの7の2人が同点首位となり，プレーオフの優勝決定戦でチャンピオンを決め

ることになったのだ。

1戦だけで決めるのもつまらないので，優勝決定戦は将棋の名人戦や野球の日本シリーズなどと同様に合計7戦の予定が組まれ，先に4勝したほうをチャンピオンとすることになった。

ところで，チェス大会の本戦であるリーグ戦では，不公平がないように，どの代表選手も先手と後手での対戦が同数になるように決めてきたのだが，これまでの対戦結果全体を眺めてみると若干だが先手のほうが勝率が高いようだった。

そこで優勝決定戦では先後をくじ引きで決めることにしたが，毎試合くじ引きをするのも面倒だし，くじ運が勝敗に大きく作用しすぎるのも避けたいということで，次のように決めた。

まず，最初に1回だけくじ引きを行う。そして，くじに当たった選手の先

手で最初の2試合を行い，くじに外れた選手の先手で次の2試合を行う。ここまででどちらかが4戦全勝すれば，もちろんその選手がチャンピオンとなって優勝決定戦は終了だが，もしどちらも4勝していなければ，次の第5試合もくじに外れた選手の先手で行う。それでもまだチャンピオンが決まらなければ，最後の2試合はくじに当たった選手の先手で行うというやり方だ。

さて，実際のくじ引きの結果は，赤のルークがくじに当たり，赤のルーク先手でプレーオフの第1試合が行われることになった。アリスは試合の結果を楽しみにしていたのだが，間が悪いこともあるもので，英国のアリス一家は夏の休暇を利用してヨーロッパ大陸への家族旅行に出かけることになり，アリスはしばらく不思議の国や鏡の国を訪問することができなくなった。

アリスにとって，ヨーロッパ大陸への旅行を満喫できたのはよかったのだが，帰国して，早速，気がかりな優勝決定戦の結果を知ろうとグリフォンを訪ねてみると，グリフォンはニヤリと笑って，「ハハハ，残念だね。昨日，第6戦があったんだ。試合がもつれて3対3になっていれば，第7戦はこれからのはずだったんだよ。だけど，最終戦を待たずに4勝2敗でチャンピオンが決まっちゃったんだ。どっちが勝ったと思う？」という。

ここで，今回の問題だ。対戦者2人の実力がまったくの互角だった場合，各試合では先手の方が勝率が高いということが事実だとしよう。その場合，まず，ウォーミングアップとして，上の対戦方式ではくじに当たるのと外れるのとどちらが優勝する可能性が高いかを考えていただきたい。

また，次の問題としては，最終戦を待たずに4勝2敗で優勝が決定したとしたら，くじで当たった赤のルークと外れたダイヤの7では，2人の実力が互角の場合，どちらが勝利した可能性が高いだろうか？

第170話の解答

ウォーミングアップの問題は，実は前に述べたことがある「消化試合論法」を思い出していただこうという意図のものだ（第58話「先攻は有利か？」，『数学パズルの迷宮　パズルの国のアリス2』）。この種の問題を扱う上で，いつ優勝者が決まり実際に行われた試合が何試合あったかを考えるのは，状況を煩雑化するだけであまり益がないというのが重要なポイントである。

決定戦では，どちらかが先に4勝してしまえば，その後の試合は実際には行われないわけだが，かまわずその後も予定通りに対戦（消化試合）が行われると考えることで，余計な場合分けが不要になり論理がスッキリする。その場合，どちらが勝ったかにかかわらず全部で7戦が行われるわけだが，そのうち過半数の4戦以上に勝利した者の優勝と決めておけば，先に4勝したほうが優勝とするのと結果は何も変わらないからだ。引き分けというようなことがあれば，予定の7戦が終わっても優勝者が決定していないということがあり得るが，それは消化試合の有無とは無関係なので考慮しないことにすれば，最初と最後の2試合ずつ計4試合がくじに当たった側の先手で行われ，第3～5戦の3試合がくじに外れた側の先手で行われるのだから，もし，先手のほうがわずかでも有利というなら，くじの当たった側が過半数を制する可能性のほうが高い。

さて次の問題だ。条件が「最終戦を待たずに優勝者が決まった」というだけの単純なものならば，同様に消化試合論法により，簡単に結論が得られる。つまり6試合が終わった時点で4勝以上した選手がいたということだが，6試合のうち3試合が赤のルークの先手，3試合がダイヤの7の先手である。よって，先手後手による有利不利はまったくないので，2人の実力が互角なら，どちらが4勝以上したかについてもまったく五分五分である。しかし，その場合の優勝者の戦績は4勝0敗から4勝2敗までの3通りがあり得る。

赤のルークが4勝n敗で優勝する確率をa_n，ダイヤの7が4勝n敗で優勝する確率をb_nとすると，上の議論から$a_0+a_1+a_2=b_0+b_1+b_2$となることがわかる。

実際の問題では，条件は上のようなものではなく，「6試合目の結果，4勝2敗となって決まった」というものであった。つまり，5試合目が終わった時点では3勝2敗でまだ優勝者が決まっていなかったが，3勝していた側が6試合目でさらに1勝を挙げて決着がついたということだ。

もし5試合目までに4勝0敗または4勝1敗で優勝者が決まっていたとしたら，5試合のうち3試合を先手でプレーするダイヤの7のほうに分があるという点には誰も異存があるまい。それは$a_0 + a_1 < b_0 + b_1$ということを意味するが，$a_0 + a_1 + a_2 = b_0 + b_1 + b_2$なのだから$a_2 > b_2$である。したがって，決定戦が6試合目までもつれ込んで，そこで優勝者が決まったという条件のもとでは，赤のルークが優勝した可能性のほうが高いのである。

先手の勝率をp（$> 1/2$），後手の勝率を$q = 1 - p$として，念のために表計算ソフトで検算してみると，$p = 0.6$の場合，a_2は約0.18，b_2は約0.13である。当然だが，この比は，pが0.5に近いと縮まり，1：1に近づく。逆にpが1に近づくにつれて差は広がって，赤のルークが4勝2敗で優勝する可能性はダイヤの7の4勝2敗の場合に対し3倍近くにもなる。これは次のように考えれば納得がいくだろう。

もし先手が圧倒的に有利で，後手の勝利は奇跡に近いようなものであったとしたら，それが6戦中2回以上も起こるとは考えにくいから，起こったとしても1回だけだったと考えるのが妥当だろう。

その番狂わせが最初の2試合のどちらかで起こったとすると，4勝1敗でダイヤの7が優勝する。実際には4勝2敗になったというのだから，番狂わせの後手勝ちが起こったのは第3から第6までの試合のどれかである。それが第3～5試合のどれかで起きたなら赤のルークの優勝であり，第6試合で起きたときだけがダイヤの7の優勝である。よって4勝2敗の場合，赤のルークの優勝のほうが3倍くらい起こりやすい。

興味を持たれた読者は，様々なpの値について自分で調べてみられたい。

ドローンを使った相互監視演習

第171話

ハートの10人の兵士たちは，またもやクローケーグラウンドに出て，パトロール演習だ。ところが不思議の国にもだんだんハイテクの波が押し寄せているとみえて，今日はドローンを使った空からの遠隔監視演習だという。

新しもの好きの兵士たちは大喜びで，それぞれが自分に割り当てられたドローンをあれこれ操作して遊んでいる。

皆がやっと操作に慣れてきたと思った頃に，ハートの女王が視察と称して演習場にやってきた。目新しいものに目がない女王，もちろん視察というのは口実で，ドローンがどういうものか見に来たに違いない。

案の定，エースが操作する円形のモニター画面を興味深そうにのぞき込み，

「フーム，なかなか面白いものじゃな」と感心したふうに言う。さらに，「この画面にはほかの9台のドローンが皆映っているが，カメラの視野の広さはどのくらいじゃ？」と聞く。

指揮官のジャックが答える。「はっ，陛下，360度と申し上げたいところでございますが，魚眼レンズではありませんし，画像としてモニターに映すという事情もありまして，映る範囲は180度に制限しております」。

「ふむ。すると1台のドローンに着目して，それを視野の真ん中に収めようとすると，映らないドローンというのが出てくることがあるのう」

「はい，例えばカメラから見たときの2台のドローンの角度が90度より大きい場合は，1台の像をモニター中央に収めようとしますと，もう1台はモニター画面からはみ出してしまいます」

それを聞いたハートの女王，また厄介な気まぐれを思いついた。

「では，10台のドローンをこういうふうに配置することは可能か？　各ドローンのカメラのモニター画面は，別のどれか1台のドローンをモニター中央に収めるとする。どれがどれを中央に収めた場合であっても，他の8台のドローンの像がどれも画面からはみ出すことのないようドローンを配置し，そういう配置を保った上で相互監視パトロールの演習をしてみよ」

ハートの女王の気まぐれは絶対である。そういう演習にどういう意味があるかを問うても益はない。下手に反対すると「首を刎ねよ！」とやられるのがおちだ。

読者にはハートのジャックや兵士たちを助けてやっていただきたい。それには，女王が要求するような10台のドローンのうまい配置を見つけて，監視訓練を行うか，どう工夫しようともそのような配置は存在しないことを証明して女王を説得するかしかないだろう。

まず，ウォーミングアップとして，ドローンが8台ならば，女王の言うような配置を作って相互監視が可能だから，そのような配置を見つけていただきたい。それには，あるドローンから他の7台のうちの2台を見たときの角度がどれも90度を超えることがないようにすることが必要だ。

ドローンの台数が増えていくと，そのような配置を見つけるのは急速に難しくなる。9台，10台でもそのような配置は可能だろうか。可能ならばその配置を示し，不可能ならばそのことを証明していただきたい。

第171話の解答

ウォーミングアップ問題の答えを述べるのは簡単だ。8台のドローンを立方体の頂点の位置にそれぞれ置けばよい。ただし，その配置が女王の要求する条件を満たしていることを納得するのは，それほど容易ではないかもしれない。

立方体の3頂点A，B，Cを任意に選び，∠BAC≦90°であることを確認すればいいのだが，3つの頂点の選び方はいろいろとあるので，個別にやると意外に面倒そうだ。というわけで，一気に片づけるためにベクトルと内積の理論を援用しよう。Aを原点，すなわち（0，0，0）とし，立方体の辺方向に3つの座標軸をとる。そして，立方体の1辺の長さを単位とする座標系を用いて，Bの座標を（b_1，b_2，b_3），Cの座標を（c_1，c_2，c_3）とすると，b_iやc_iの値はいずれも0か1だ。ここで

$$\cos(\angle\mathrm{BAC})=\frac{b_1c_1+b_2c_2+b_3c_3}{\sqrt{b_1^2+b_2^2+b_3^2}\sqrt{c_1^2+c_2^2+c_3^2}}$$

となるが，明らかに分子はゼロ以上であるからcos（∠BAC）もゼロ以上であり，∠BAC≦90°が導かれる。

この程度のことを証明するにはやや大げさな道具立ての印象もあるが，内積を利用する上の論法のもう1つの利点は，次元がさらに上がってもそのまま通用することだ。例えばn次元空間内のn次元立方体の各頂点に2^n台のドローンを配置し，そのうちの3つのドローンの位置をA，B，Cとすれば，上の議論そのままで∠BAC≦90°であることが導かれる。

さて，今までの議論で，n次元空間内に2^n台のドローンを女王の望むように配置することが可能なことが示されたが，台数を2^nより多くすることは可能だろうか？　特に3次元の場合に10台のドローンを配置せよというのが，女王の要求だ。

実はこれは不可能であり，n次元空間には最大で2^n台のドローンしか，女王の要求するようには配置できない。つまり，3次元の場合，8台が限界である。この証明も一気にn次元でやってしまおう。今，n次元空間にk台のドローンを配置し，その1台から他の2台を見たときの角度がどれも90度以内だったとすると，$k \leqq 2^n$でなければならないことを証明する。

そのk台のドローンの位置の凸包をPとする。ここでは凸包の詳しい説明を省くが，この場合はk個の点をすべて含む最小の凸集合のことで，n次元の凸多面体になる。以下の証明で使う凸包の性質は，いずれも直感的に明らかなことばかりだから，凸包の厳密な定義にこだわる必要はないだろう。

さて，ドローンのうち1台を選びその位置をAとする。さらにもう1台を選び，その位置をBとし，凸包PをAからBまで平行移動したものをP'とする。同様に，もう1台のドローンを選んでその位置をCとし，PをAからCまで平行移動したものをP''とする。参考のため，それを図に描いたものを下に示すが，n次元多面体を2次元に表示するのは難しいから，この図は凸包P，P'，P''を点A，B，Cを含む平面で切った断面図だと思ってほしい。それでもそれぞれの凸包の位置関係はこの図からイメージしていただけるだろう。PにおけるBに対応する点をコピーP'ではDとし，PにおけるCに対応する点をコピーP''ではEとする。

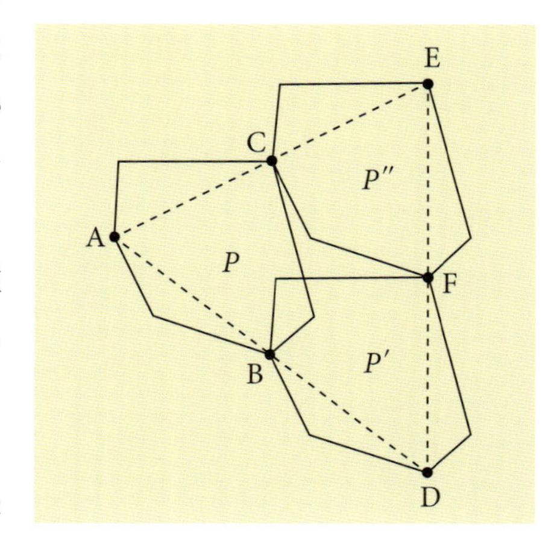

また，図より明らかと思うが，P'においてCに対応する点とP''においてBに対応する点は同一である。それをFとする。

図では，説明のためにPとP'に重なりがあるものをわざと描いてあるが，実は先の条件により，そういうことは起こりえない。というのは，点Bを通り線分ADと直交する『平面』Sを考えると（厳密にいうとSは2次元の平面ではなく$n-1$次元であるが，おそらく『平面』と書いたほうがイメージしやすく，誤解されることもないだろう），凸包Pの点はどれもS上にあるかSに対してAと同じ側にある。なぜならPの任意の点をXとすると，条件より∠XBA≦90°がわかるからだ。

同様にP'の点はどれもS上にあるかSに対してDと同じ側にある。よってPとP'の点に共通のものがあれば，それは『平面』S上にあることになる。これはPとP''についても同様で，もし両方に属する点が存在するなら，それは点Cを通り線分AEと直交する『平面』の上にある。さらにP'とP''はどうだろうか？　実は，図から見て取れるようにP''はP'をDからFまで平行移動したものにほかならない。よって，同じ論法により，P'とP''に共通する点が存在するなら，それらはすべて，点Fを通り線分DEと直交する『平面』の上にある。

さて，今はドローンのうち3台を選んで，その位置に着目して考えたが，ドローンはk台あるから，そのうちの1台の位置をA，残りの$k-1$台の位置を$A_1, \ldots, A_{k-1}$として，凸包PをAからA_iまで平行移動して作ったコピーをP_iとすると，P，P_1，P_2，...，P_{k-1}は，同じ理由により，互いに共通な点を持ったとしても，それは『平面』上に限られる。よって，それら共通部分の『体積』は全部合わせても0にしかならない。Pの体積をv，Tを凸包の和集合とすると共通部分の体積はゼロなので，$T=P\cup P_1\cup P_2\cup \ldots \cup P_{k-1}$の体積は$kv$である。

そして，明らかにこのTは，Aを中心にPをn次元空間内で2倍に拡大した多面体Uにすっぽり収まっている。よってkvがUの『体積』$2^n v$を超えることはなく，ゆえに$k\leqq 2^n$が示される。

チェスクラブの入会試験

第172話

チェスといえば，もちろん鏡の国が本家本元だが，先日のチェス王室主催のチェス大会で，ダイヤの7が鏡の国代表との優勝決定戦で第6戦までもつれ込むという快挙を成し遂げたせいで（第170話「チェス大会の優勝決定戦」140ページ），不思議の国での人気にも火が付いた。ちょっとしたブームになっており，あちこちチェスが遊べるオンラインサイトができ，また碁会所ならぬチェス道場というのも繁盛している。

さて，スペードのエースは，残念ながら前回は代表の座をダイヤの7に譲ったものの，雪辱を期して次回に備えての練習場所を確保しようと，手近なチェスクラブへの入会を打診してみた。ところが，そのクラブは，従前は来るものは拒まずという方針だったのに，最近のブームのせいで，入会するにはテストを受けてそれに合格することが必要になったという。

クラブのマネージャーが言う。「テストでは，現クラブのメンバーのうち，我々が選んだ中庸どころの5人と1人1戦ずつ合計5回対戦していただきます。交互に先手・後手となって対戦し，連続して2勝以上すれば合格です。引き分けは負けと同じ扱いですし，たとえ過半数に勝利していても，それらがとびとびで連続していないと，合格とは認められません。ただし，先手で始めるか後手で始めるかは，ご自分で選んで下さって構いません」。

対戦相手は中庸どころが選ばれるということだから，簡単のためにスペードのエースの勝率は相手が誰であっても同じで，先手の場合はa，後手の場合はbということにしよう。第170話（140ページ）で述べたように，各対戦は先手のときのほうが後手のときよりもやや有利とし，$0<b<a<1$が成り立つものとする。

さて，読者には，まずウォーミングアップとして，もし対戦相手が6人いて，同様に6戦中に2連勝することが条件だとすると，先手で始めても後手で始めても，この先手の有利さが実質的に影響しないことを証明していただきたい。

そして次は，スペードのエースの身になって，5戦中2連勝という条件の場合，クラブへ無事入会を果たすには，テストを先手で始めるのと後手で始めるのとどちらが良いかをアドバイスしていただきたい。

また対戦相手が7人いて，7戦中に3連勝することが条件だとしたら，テストを先手で始めるのと後手で始めるのとではどちらが入会しやすいだろうか？

第172話の解答

ウォーミングアップの問題，つまり，6戦中に2連勝するという条件をクリアするには，先手で始めても後手で始めてもまったく変わらないということの証明は，先手で始めたときと逆の順で同じ相手と同じ手番で対戦することを考えてみればよい（先手の1戦目で対戦相手Aと，後手の2戦目でBと，……，後手の6戦目でFとするならば，1戦目に後手でFと，2戦目は先手でEと……と考えていく）。

逆にする場合は当然，後手で始めて6戦することになるが，各対戦の結果が同じならば，その中に2連勝が存在するかどうかという点についてもまったく同じ結果になる。よって，入会できるかどうかは，先手後手どちらで始めるかには無関係である。

この結果は，簡単に一般化できる。先手後手を交互に合計で偶数回の対戦をする場合，その中に所定回数の連勝が含まれるかどうかの確率は，何連勝の場合でも，先手後手のどちらで始めるかとは無関係であることが，同じ論法ですぐに納得していただけるだろう。

次に，奇数回の対戦の中の連勝，特に5戦中で2連勝という条件の場合だ。5戦の勝ち負けの結果をすべて書き出して，2連勝が含まれる結果の確率をすべて合計することで，入会できるかどうかの確率は求まる。だから，先手で始めた場合と後手で始めた場合の確率をそれぞれ計算し，その結果を比較することで，どちらが良いかは判定できるが，その計算はかなり煩雑で面倒な作業になるから，あまりお勧めする気にならない。

この場合に有効な手段とは，先手と後手の差がないとわかっている6戦中2連勝の場合と5戦中2連勝とでは，どういうときに結果が違ってくるかを考えることだ。そこで，6戦するが，最初の対戦は小手調べとして入会テスト本番には入れず，2戦目から6戦目までに2連勝すれば合格としよう。この条件は5戦中の2連勝と同じである。このやり方では，初戦を入れて6戦全体を入会テストとする場合より，合格しにくくなることは自明だが，何が違うかと考えてみると，初戦と2戦目に2連勝したのに，3戦目に負けてしまった場合が問題だ。6戦全部をテストとしてカウントすると合格なのに，初戦がただの練習試合ということになると，せっかくの最初の2連勝が無に帰してしまう。それ以外の連勝の場合は，初戦をカウントするしないにかかわらず合格になる。

さて，この残念な結果は初戦を先手で戦うのと後手で戦うのとではどちらが起こりやすいかを考えてみよう。先手，後手の場合の勝率をa，bとすると，初戦と2戦目を連勝する確率は，どちらを先手にしてもabで同じだから，3戦目を負ける確率が問題となる。初戦が先手なら3戦目も先手だから，それを負ける確率は$1-a$であり，逆に初戦が後手なら3戦目を負ける確率は$1-b$だ。$1-b>1-a$だから，上で述べた残念な結果は初戦が後手の方が起こりやすいことになる。

したがって，小手調べの初戦は先手，すなわち入会テストの本番が始まる2戦目は後手で臨むのが良いという結論になる。

同様に，7戦中3連勝という条件の場合は，8戦中の初戦が小手調べという場合と変わらないが，これを8戦して3連勝する場合と比較するといい。初戦をカウントしないことが残念な結果を導くのは，最初に3連勝したのに4戦目で負けてしまい，せっかくの最初の3連勝が幻になってしまう場合だ。これが起こる可能性は，先手で始めようと後手で始めようと最初に2連勝する確率はabで変わらないから，3戦目を勝ち，4戦目を負けた場合だ。

その確率を求めてみよう。先手で始めた場合$a(1-b)=a-ab$，後手で始めた場合$b(1-a)=b-ab$だから，$a-ab>b-ab$により，先手で始めた方が起こりやすいことになる。よって，8戦中の初戦がただの練習試合で，その後に3連勝するのが合格条件の場合，初戦を後手で始め，入会テストが始まる2戦目を先手で迎える方が得策ということになる。

以上の結論をさらに一般化すると，合計奇数回の入会テストでn連勝することが合格の条件だとしたら，nが奇数ならば先手でテストを開始し，nが偶数ならば後手で開始するのが得策ということになる。

この結論は，合計のテスト試合数が少ないときには，次のように直観的にもすぐに納得できるだろう。例えば，3試合中に2連勝しなければならない場合，2戦目を勝つことは絶対条件だから，その2戦目を有利な先手で戦う方が良いし，5試合中の3連勝が条件だとしたら，3戦目を負けるわけにはいかないのだから，その試合を先手で戦うために初戦も先手で始めるのが良いということになる。

ヤマネの姪たちによる帽子の色あてショー

第173話

不思議の国と鏡の国の文化交流を促進しようと行われている事業「合同演芸会」は，演ずる側も見る側も，とても楽しみにしている催しだ。

ヤマネの7人の姪たちは，グリフォンに種を提供してもらいマジックショーをやることが多かったが，前に叔父のヤマネに協力を頼んで客席からこっ

そり合図を送ってもらうことにしていたら，送る合図を叔父が間違えて危うくマジックがだいなしになりかけたことがあった（第96話「ヤマネ，また姪たちの信頼を失う」，『ハートの女王とマハラジャの対決　パズルの国のアリス3』）。そこで今回は協力者なしでマジックをやることにした。

内容は前と似ている。姪たちがステージに上がって演ずるのだが，まず全員目隠しをする。そして，司会者がそれぞれに帽子をかぶせていく。その色はそのたびにコインを1回だけ投げて決める。表ならば赤，裏ならば白だ。その後，目隠しを外せば，姪たちはそれぞれ自分以外の帽子は見えるわけだが，各自が姉妹たちの帽子を見て，自分の帽子の色を推測する。準備OKとなったら，司会者の合図とともに，いっせいに手に持った赤か白の旗のどちらかを上げる。その色が自分の帽子の色と一致していたら1点獲得だ。

観客席に手助けしてくれる人はいないし，もちろん姪たち同士でのやりとりも一切できない。つまり，それぞれが自分の推測に利用できる情報は，ほかの姉妹たち6人がかぶっている帽子の色しかない。だから全員正解の7点を獲得することなどほとんど期待できないので，姪たちの目標は，過半数の推測を成功させ4点以上を獲得することであり，それが達成できればマジック成功ということにする。

さて，姪たちはこのマジックを何回か行ったが，驚いたことに，4点以上を獲得して成功をおさめたのは半分をはるかに超える回数だった。

そこで読者に考えていただきたいのは，姪たちが推測のためにどういう戦略を用いたかということと，その戦略で一体どのくらいの成功率をおさめられるだろうかということだ。

第173話の解答

このパズルの条件設定を熟考してみると，姪たちがどんな戦略を採用しようと，一人ひとりの得点率は1/2でそれを変えることはできないことがわかる。なぜなら，例えばサンデイの立場で考えると，サンデイは6人の姉妹たちの帽子の色から自分の帽子の色を推測するしかないが，その色は司会者が投げたコインの表裏で決まるのだから，コインが歪んでいたりしない限り赤白の確率は半々だ。よって推測が当たる確率も半々だ。これはほかの誰をとっても同じことなので，7人全員による得点期待値は，戦略にかかわらず7/2＝3.5である。

では，4点以上獲得する確率を最大にするにはどうすればよいだろうか。戦略のツボは7点を取ることなどは最初からあきらめて，4点ピッタリを獲得する可能性を最大にすることだ。例えば確率pで4点が得られ，他の場合は誰も推測が当たらない，つまり0点になる戦略があったとすると，この戦略による得点期待値は$4p$だ。得点期待値は，戦略にかかわらず7/2なのだから，$4p=7/2$より$p=7/8$になり，その戦略によれば8回中7回くらいは成功するという成果が得られる（そして，1回くらいは誰も当たらないという悲惨な結果になる）。

実は，姪たちは全部で7人だということが幸いして，実際にこのような戦略をとることができる。それには，いろいろな方法があるが，わかりやすい戦略の1つを紹介しよう。まず7人は1人，2人，4人のグループに分かれ，グループ内で番号を振る。つまり，サンデイは1人でグループを作り，マンデイとチューズデイは2人グループで，マンデイは1番でチューズデイが2番となる。残りのウェンズデイ，サースデイ，フライデイ，サタデイは4人グループを作り，それぞれこの順に1，2，3，4番とする。

これで準備はできた。さて，どういうふうに自分の色を推測するかだ。サンデイはほかの6人の帽子の色にかかわらず，いつでも自分の帽子が「白」

だと推測する。もし，実際にサンデイの帽子が白だったとしたら，ほかの姉妹たちはそのことがわかるから，自分のグループ内の赤い帽子の数と自分の番号との奇偶性が一致するように自分の帽子の色を推測する。例えばサンデイ，マンデイ，チューズデイの帽子はすべて白だとしよう。チューズデイからすると，サンデイとマンデイの帽子は白だから，自分の帽子も「白」ならばグループ内の赤帽子の数は0となる。自分の番号は2であり，0も2も2で割った余りは同じで〔$0 \equiv 2 \pmod 2$〕奇偶性が一致するから「白」と推測する。反対にマンデイは自分の帽子が赤ならば，グループ内の赤帽子の数は1，自分の番号も1なので奇偶性の一致から「赤」と推測する。4人グループも同様にすると，少し考えればわかるように，どちらのグループも，推測の半数は当たるが半数は外れる。したがって，サンデイを含めてちょうど4人が当たり，チームとしては4点を獲得する。

では，サンデイの帽子が赤だったらどうだろう。マンデイとチューズデイはそのことがわかるから，その場合，2人とも自分のグループ内の赤帽子の数が偶数になるように自分の推測を決める。つまりマンデイとチューズデイは互いの帽子の色を自分の色として推測する。相手が白だったら「白」と推測し，赤ならば「赤」と推測する。実際その通りだった場合，2人は合計で2点を獲得し，そのことは3人の帽子を見ている4人グループにはわかる。よって，4人グループはサンデイの推測が当たった場合と同様に推測すればよい。その結果，そのうちの2人の推測だけが当たるので，チームの得点は4点になる。

サンデイの帽子が赤で，マンデイとチューズデイの帽子のうち1つだけが赤だったとしたらどうだろうか？　このとき，この3人の推測はすべて外れるが，4人グループは自分たちの赤い帽子の数が偶数個だとして，各自の推測を定めるとよい。その通りであれば，チームの得点は4点になる。そうでなければ，つまりどのグループの赤い帽子の数もすべて奇数の場合，チームの得点は0点だが，それが起こる確率は$1/2 \times 1/2 \times 1/2 = 1/8$だから，チームは7/8の確率で4点を得る。

この戦略を人数が2^k-1のチームの場合に一般化するのは，もう容易であろう。まず，チームをそれぞれの人数が$1(=2^0)$，$2(=2^1)$，$4(=2^2)$，…，2^{k-1}人のk個のグループに分割して，2^i人のグループを第iグループと呼ぼう。第iグループの中では各メンバーに1から2^iまでの番号を振る。

さて，各メンバーの推測だが，自分が第iグループに属するなら，第0，1，…，$i-1$のグループに属する人たちの帽子の色を確認する。そのいずれのグループも赤い帽子が奇数個であれば，自分のグループの赤い帽子の数は偶数個であるとして，自分の色を推測する。反対に赤い帽子の数が偶数個であるようなグループが1つでもあったなら，自分のグループ内の赤い帽子の数と自分の番号の奇偶性は一致するものとして，自分の帽子の色を推測する。

読者は，この戦略の結果，どのグループに属する赤い帽子の数もことごとく奇数個だったとき，チームの得点は0点になり，それ以外の場合は2^{k-1}点になることを確認されたい。グループはk個あるから，0点になる確率は$1/2^k$であり，$1-1/2^k$という高確率でぎりぎり過半数となる得点2^{k-1}が得られることになる。

一般化してみよう。n人チームの場合，nが奇数なら，ぎりぎりの過半数は$(n+1)/2$であり，チーム全体の得点期待値は$n/2$だから，理想的には$(n+1)p/2=n/2$を満たす戦略，すなわち成功率$p=n/(n+1)$の戦略があるとよいが，残念ながらnが2^k-1という形の奇数でないとそういう戦略の設計は難しい。なぜなら，コイン投げで帽子の色を決める限り，帽子の色のどんなパターンも出る確率は$1/2^n$であり，それに基づく戦略である目的を達成しようとする場合，その達成の確率は当然，2^nを分母に持つ分数にならねばならないからだ。しかし，うまく戦略を考えれば，成功率を$n/(n+1)$に相当に近づけることは可能である。

また，nが偶数ならば，ぎりぎりの過半数は$(n+2)/2$であるから，過半数の得点を得るための戦略の成功率は，最高でも理論上$n/(n+2)$である。

実際，nが2^k-2という形の偶数であるならば，チーム全体を人数がそれぞれ2（$=2^1$），4（$=2^2$），…，2^{k-1}となる$k-1$個のグループにすればよい。2^k-1人チームの場合と同じ戦略で，この理論上の最高成功率$n/(n+2)$を達成できる。

また，nが一般の偶数でも$n/(n+2)$に相当近い値を実現できる。興味を持った読者は考えてみられたい。

気分屋 ジョーカーとの勝負

第174話

第172話（151ページ）では，スペードのエースがチェスクラブの入会試験を受けるという話にお付き合いいただいたが，今回は，無事に入会を果たしたエースが，クラブ会員のひとりであるジョーカーとの対戦で手を焼いているという話を紹介しよう。

ジョーカーはとても強いというわけではない。かといって，弱いわけでもなく，実に奇妙な実力というか性癖の持ち主なのだ。通常，勝率に影響するのは対戦相手と自分の実力の差だが，ジョーカーの場合，それまでの対戦成績が大きく影響する。ある日に同じ人と何戦かした場合，その日のそれまでの対戦結果を覚えていて，その成績が互角以上の場合やその日の初戦である場合は特に頑張ることもなく，むしろヘボプレーヤーと言ってよい。しかし，その日の成績が負け越している場合，どういうわけか妙に発奮するらしく，実力以上の強さを出すようなのだ。

実際，負け越している相手との対戦では，ジョーカーの勝率は相手が強いほど高いくらいで，同じ日に対戦が何度もあると，どの対戦相手とも互角に近い成績をおさめている。

気になったクラブマネージャーが，ある強豪会員とジョーカーとの対戦成績を長期間にわたって調べてみた。すると，同じ日の個々の対戦を見ると，その対戦までの同じ相手とのジョーカーの成績が互角以上の場合，ジョーカーは3割しか勝っていないのだが，負け越している場合，なんと7割の勝率を上げている。

さて，これがいつも正しいとしよう。つまり，ジョーカーがある相手と対戦する際，その相手とのその日の対戦成績が互角以上ならジョーカーの勝率はa（$a<0.5$）であるが，負け越している場合の勝率は反対に$b=1-a$となるとしよう。なお，各対戦での引き分けはないものとする。

ある日，クラブは閑散としていて，スペードのエースとジョーカー以外にはあまり会員がいないことがあった。ほかに適当な相手がいないため，エースとジョーカーは2人で何度も対戦することになったが，ここで問題だ。

全部でn回の対戦をした結果，最終成績がタイにはならず，一方が過半数を制した場合，その過半数を制したのがエースである確率はどのくらいか読者にはわかるだろうか？

第174話の解答

対戦回数nが増えていくとどうなるかを調べるために，nが小さな場合を少し計算してみよう。

$n=1$の場合は簡単だ。ジョーカーが勝つ確率はaで，スペードのエースが勝つ確率はbだから，エースが過半数に勝利する可能性もbである。では，$n=2$の場合はどうだろうか？　ジョーカーが初戦に勝つ確率はaである。そのまま第2戦を行うと，同じ確率でジョーカーが勝利するから，ジョーカーの2連勝となる確率は$a \times a = a^2$だが，第2戦でジョーカーが負けてタイスコアになる確率はabだ。

一方，初戦でジョーカーが負ける確率はbだが，この場合，次の試合ではジョーカーが奮起してしまい，ジョーカーの勝率がbになる。よって，ジョーカーが巻き返して1勝1敗にする確率はb^2であり，エースの2連勝となる確率はbaである。問題になっているのは，最終成績がタイの場合を除いたどちらかが2連勝したときの条件付き確率なのでa^2とbaを比較すればよい。過半数を制したのがジョーカーである確率はaで，エースである確率はbということになる。

次は$n=3$の場合だが，各対戦では引き分けがないから，最終成績が互角ということはない。細かく述べていくときりがないので，細部は読者自ら考えていただくことにして，結論を述べると，ジョーカーが過半数を制する確率は$aaa+aab+aba+bba=a(a^2+2ab+b^2)=a$となる。エースが過半数を制する確率は$baa+bab+bbb+abb=b(a^2+2ab+b^2)=b$である。

ここまでで次のような予想が可能だ。nが奇数の場合，タイスコアは決して起こらないので，ジョーカーが過半数を制する可能性はぴったりaであり，反対にエースが過半数を制する可能性はぴったりbである。また，nが偶数の場合，最終的なスコアがタイになる可能性はあるが，そうでない場合，ジョーカーの過半数勝ちとエースの過半数勝ちとが，ちょうどa：bの割合で生じる。よって，nが偶数の場合も，互角の場合を無視した条件付き確率では，エースが過半数を制する可能性はbである。

実はこの予想は正しいのだが，それを証明するのに，上のようにしらみつぶしに調べていくのは論外だろう。そこで，ジョーカーとスペードのエースがそれぞれ過半数の勝利を得た場合を1つずつ選んで対比する次のような論法はいかがだろうか？

ジョーカーが過半数を制した勝敗列を任意に1つ考え，スペードのエースが勝った試合をSで，ジョーカーが勝った試合をJで表すことにする。さらに，その勝敗列で最後にタイスコアになったのがk勝k敗（$0 \leqq 2k < n$）のときで，その後はずっとジョーカーの方が勝利数でリードし続けたとしよう。その勝敗列は$\alpha \mathrm{J} \beta$という形をしており，αにはJとSがちょうどk回ずつ現れる。また，βを途中のどこで切った場合でも，その左の部分ではSの数（スペードのエースが勝った数）がJの数を超えることはない。

さて，βの勝敗を逆転した列を$\bar{\beta}$で表そう。例えば，$\beta = \mathrm{JSJJS}$であれば$\bar{\beta} = \mathrm{SJSSJ}$であり，$\beta = \mathrm{JJSS}$であれば$\bar{\beta} = \mathrm{SSJJ}$である。ここで，$\alpha \mathrm{J} \beta$という列が生じる確率と$\alpha \mathrm{S} \bar{\beta}$という列が生じる確率とを比較しよう。

途中のαが生じる確率はどちらの列でも同じだから，それをpとし，βが含むJとSの数をそれぞれjとsとしよう。すると，$\alpha \mathrm{J} \beta$が生じる確率は，$pa^{j+1}b^{s}$である。では$\alpha \mathrm{S} \bar{\beta}$という列が生じる確率はというと，$\bar{\beta}$が含むJとSの数は$\beta$と逆になるからそれぞれ$s$と$j$だが，$\bar{\beta}$に含まれる試合が行われるとき，ジョーカーはつねに負け越している。このときはジョーカーが発奮して勝率も入れ替わるので，ジョーカーの勝率がbでエースの勝率がaである。よって，$\alpha \mathrm{S} \bar{\beta}$が生じる確率は$pa^{j}b^{s+1}$である。つまり$\alpha \mathrm{J} \beta$と$\alpha \mathrm{S} \bar{\beta}$が生じる確率の比は$pa^{j+1}b^{s} : pa^{j}b^{s+1} = a : b$ということになる。

ジョーカーが過半数を制する勝敗列$\alpha \mathrm{J} \beta$のそれぞれと，エースが過半数を制する勝敗列$\alpha \mathrm{S} \bar{\beta}$は1対1に対応するので，そのような勝敗列をすべて考えた全体でもジョーカーが過半数を制する確率とエースが過半数を制する確率の比は$a:b$になる。

なお，煩雑になるのを避けるため，問題では各対戦で引き分けが起こることはないものとしたが，ある一定の確率dで引き分けることがあっても上記の結果は成立する。つまり，奮起していないとき，ジョーカーは確率aで勝ち，確率bで負け，確率dで引き分けるとする（$a+b+d=1$）。また，負け越している場合は，奮起して逆に確率bで勝ち，確率aで負け，確率dで引き分けるとする。

この場合でも，何回か対戦した結果，ジョーカーの成績がエースの成績を上回る確率とその反対になる確率との比は$a:b$である。したがって，2人の成績がタイでないとき，エースの成績がジョーカーを上回っている条件付き確率は$b/(a+b)$となる。証明も，勝敗列の中にJとSだけでなく引き分けを表すDを加えるだけで上と同様に可能である。

自分のカードが出てくるまで

第175話

アリスがイモムシ探偵局へ顔を出すと，マハラジャ出身と噂される例のお大尽が来ていた。新しい賭け事を思いついたので，その相談をグリフォンに持ちかけていたというわけである。お大尽が思いついた賭けというのは次のようなものだ。

トランプ王室の兵士たちを相手にするつもりで，例えばハートの兵士が相手の場合は，トランプのカードのうち13枚のハートのカードだけを用意する。そして兵士（仮にエースとしよう）には1回の参加費とし

て銀貨を何枚か支払ってもらい，次のように賭けを進める。まず，その13枚のカードから1枚を引いてもらう。それが，（Aから10までの）兵士カードだったら，お大尽は銀貨1枚を支払うことにする。ただし，本人以外の兵士カード（この場合は2から10まで）を引いた場合には，すぐに支払いが行われるわけではなく，引いたカードを元に戻し，再び13枚のカードから，1枚を引いてもらう。こうして本人以外の兵士カードを引くたびに銀貨1枚ずつを払い戻し金に加えて進行していき，本人のカード（A）を引くまで賭けは続く。本人のカードを引くとそこで賭けは終了で，それまでに貯まっていた銀貨に本人カードの分の1枚を加えて実際の払い戻しが行われる。

問題となるのは，本人のカードでも他の兵士のカードでもないカード，つまり，絵札であるJ，Q，Kのどれかを引いた時である。この場合も引いたカードは戻して，以降，同じように賭けは続けられるのだが，絵札が出た時点でそれまでに貯まっていた払い戻し銀貨が全部チャラになり，完全に振り出しに戻ってしまう。

この賭け1回につき，自分が払い戻す銀貨の枚数の期待値を知りたいというのが，お大尽がイモムシ探偵局に相談に来た理由だ。お大尽は，例によって自分が少し不利になるような賭け事を好むから，兵士が支払う参加費を払い戻しの期待値より，少しだけ小さい額にしたいと考えている。

話を聞いたアリスが「つまり，絵札であるJ，Q，Kを引いたときは，それが起こらなかったと考えて無視すればよいのだから，Aから10までの10枚のカードから何度もカードを引いて特定のカードが出てくるまでに平均何回くらいかかるかということでしょ」というと，「いや，それは違うよ」とグリフォン。「J，Q，Kのカードを引いたときは，それまでに兵士カードを引いて貯まっていた払い戻し分が消えてしまうから，それよりも少なくなるはずだ」。

「そうかしら」とアリス。「そうなっても振り出しに戻るだけで，また同じように貯めていけるのだから，あまり変わらないような気がするけど……」。

さて，読者の皆様には，このアリスの意見が正しいかどうかを判定し，実際にお大尽が払い戻すことになる銀貨の枚数の期待値を求めていただきたい。さらに，余裕のある読者は，賭けのやり方を次のように変更した場合を考えてみてほしい。最初に13枚のカードから1枚のカードを引くことは同じだが，それが本人以外のカード（2から10）だった場合，そのカードは戻さずに次のカードを引く。こうして次々にカードを引いていき，J，Q，Kのカードを引く前に本人のカード（A）を引いた場合，それまでに引いたカード枚数と同じ枚数の銀貨が払い戻される。Aより先にJ，Q，Kのどれかのカードを引いた場合，それまでの試行は全部チャラになり，再び13枚のカードから1枚ずつ引いていき，AがJ，Q，Kより先に出てくるということが起こるまで繰り返す。このようなルールにした場合，払い戻される銀貨枚数の期待値はどうなるだろうか？

第175話の解答

賭けがアリスの言うように，10枚のカードから何度もカードを引くことを繰り返し，目標のカードが出てくるまでに引いた枚数と同じ枚数の銀貨が払い戻されるということならば，話は簡単だ。実は，よく似た話を前にも扱ったことがある（第23話「正八面体サイコロで賭けをしよう」，『パズルの国のアリス　美しくも難解な数学パズルの物語』）。

その解答で述べたように，ある事象Aが起こる確率がpのとき，Aが起こるまでに必要な試行回数の期待値は$1/p$である。なぜなら，A以外の事象が$n-1$回続けて起こり，n回目で初めてAが起こる確率は$(1-p)^{n-1}p$であるので，期待値は

$$\sum_{n=1}^{\infty} n(1-p)^{n-1}p$$

を計算すれば得られるのだが，次のように考えることで面倒な計算を省略できる。

事象Aが起こるまで何度も試行を繰り返すということを毎日1回だけ行うことにする。1日当たりの試行回数の期待値をμとするなら，これをn日間行うと，その期間を通じての合計でだいたいμn回の試行が行われるということになる。これにはどなたも異存はあるまい。

Aが起きたら，その時点で上の試行を止めるのだから，μn回の試行中に含まれる事象Aの回数はもちろんnである。事象Aが起こる確率はpであるから，μn回の試行中にAが起こった回数はだいたいμnp回と期待されるが，これがnに等しいのだから，$\mu=1/p$となる。

したがって，お大尽の考えた賭けがアリスの考えたものと同じであれば，明らかに$p=1/10$だから，お大尽の支払う銀貨枚数の期待値は10枚となりそうだが，実はこれは正しい値とはだいぶ異なる。

お大尽の支払う銀貨枚数は，J，Q，KよりもAが先に出てくるという条件下で，それまでに出た（Aを含めた）兵士カードの枚数であるから，いわゆる条件付きの期待値を求める必要があるのだ。

計算を苦にしない人のために，まず厳密な計算で，これを求めてみよう。$n-1$回続けて2から10までの兵士カードを引き続けn回目で初めてAを引く確率は

$$\left(\frac{9}{13}\right)^{n-1}\times\frac{1}{13}=\frac{9^{n-1}}{13^n}$$

である。

よって，J，Q，Kが引かれる前にAが引かれる確率は，nを1から∞まで動かしてこの値の総和を取り，

$$p=\sum_{n=1}^{\infty}\frac{9^{n-1}}{13^n}=\frac{1}{4}$$

とわかる（AがJ，Q，Kより早く出てくる確率だから，これが1/4となることは，上の等比級数の計算をするまでもなく，明らかかもしれない）。

厄介なのは，この場合の期待値

$$\mu=\sum_{n=1}^{\infty}\frac{n9^{n-1}}{13^n}$$

の計算だ。難しさは，高校数学の少し高級な演習問題くらいなので，読者への宿題としてもよさそうだが，ちょっと計算してみよう。上のμの式全体を9/13倍してみると，

$$\frac{9}{13}\mu=\sum_{n=1}^{\infty}\frac{n9^n}{13^{n+1}}=\sum_{n=2}^{\infty}\frac{(n-1)9^{n-1}}{13^n}$$

である。よって，上の2つの式の辺々の差をとれば

$$\frac{4}{13}\mu = \sum_{n=1}^{\infty} \frac{9^{n-1}}{13^n} = \frac{1}{4}$$

となるから，$\mu = 13/16$である。よって，これを確率$p = 1/4$で割れば，求める条件付き期待値$13/4 = 3.25$が得られるが，これはアリスの考えに従って計算した場合の10よりはずっと小さく，グリフォンの言葉が正しいとわかる。

お大尽は，1回の賭け金を銀貨3枚くらいに設定すると，平均で1回に1/4枚くらいずつの損失になる計算になり，わりと気持ちよく負けられるだろう。

この結論を（複雑な計算を避けて）簡単に得るには，次のように考えるとよいかもしれない。A，J，Q，Kのどれかが出るまで何度もカードを引くということを毎日1回だけ行うことにして，これをn日間繰り返す。1日当たりのカードを引く回数の期待値をμとすると，合計でだいたいμn回くらいカードを引くことになる。引かれたカードがA，J，Q，Kのどれかである確率は4/13だから，だいたい$4\mu n/13$回くらいそれらのカードが引かれることになるが，これら4枚のどれか1枚を引いた時点でその日の試行をやめるのだから，これはnにほかならない。よって$\mu = 13/4$が成り立つ。

ここでの試行はAを引いて終わることも，J，Q，Kを引いて終わることもあるが，求めたい条件付き期待値はAを引いて終わった場合の試行回数だ。しかし，終わりのカードによって試行回数の期待値が変わると考える理由は何もない。よって，求める条件付き期待値は$13/4 = 3.25$である。

さて，ここまでは引いたカードを毎回もとに戻して繰り返す復元抽出の場合を考えたが，余裕のある読者向けの問題では，引いたのが2から10までのカードであればそのカードはもとに戻さずに次々に引いていく非復元抽出の場合だ。

その場合は，カードを次々に引いていき13枚をすべて並べてしまった列について考えるのが簡単だ。もし，Aより先にJ，Q，Kが出てきたら，そ

の列は条件に合わないから無視すればよい。よってAがJ，Q，Kより先に出てきた場合に，Aより前に2から10までのカードが何枚あるか，その期待値が問題だ。

複雑な計算をいとわないなら，Aの前に2から10までのカードがk枚あり，残りのカードがすべてAの後に来る確率は

$$p_k=\frac{9\times8\times\cdots\times(10-k)}{13\times12\times\cdots\times(13-k)}$$

だから，

$$\mu=\sum_{n=0}^{9}kp_k$$

をAより後にJ，Q，Kが来る確率1/4で割った4 μがその期待値となる。それにA自身の1枚分を加えた$4\mu+1$がお大尽の払い戻す銀貨枚数の期待値だ。だが，これはあまり気が進まない計算だ。

そこで，ここでは複雑な計算を避けるために，期待値の加法性を利用しよう。AはJ，Q，Kより先に来ると仮定されているが，J，Q，Kの順番は求める期待値には無関係だから，A，J，Q，Kはこの順で並んでいると仮定しても一般性を失わない。さて，例えば2のカードがどこにあるかを考えると，Aの前，AとJの間，JとQの間，QとKの間，Kの後の5通りが考えうるが，よくシャッフルされた列を考えるとこの5通りはどれも均等に1/5の確率で起こりうる。したがって，2がAの前に来る確率は1/5である。

これは2以外の3から10までのカードでも同じで，どれもAの前に来る確率は1/5だ。したがってAの前にある2から10までのカードの枚数の期待値は9/5＝1.8だから，お大尽の払い戻し銀貨枚数の期待値は，これにA自身の分の1枚を加えて2.8枚である。

ウーム，非復元抽出型の賭けの場合では，賭け金を銀貨3枚にすると，お大尽に有利になってしまうようだ。2枚か2枚半くらいが気持ちよく負けられる賭け金といったところだろうか？

無駄ばかりの旅，一見無駄のない旅

第176話

トウィードルダムとトウィードルディーの双子兄弟の伯父は，2人に社会経験を積ませようとして，新しい計画を考えた。不思議の国や鏡の国の周りには，奇妙な国々がほかにもいろいろある。チェシャ猫に連れられてアリスも訪ねたことがあるが，住人の数が無限であるモグラ国，シャイな狼たちが孤独に暮らしている惑星，同じ言葉を話すのに「はい」と「いいえ」の使い方だけが反対の2つの民族が住むピンポン島など，実にさまざまだ。そこで，

伯父はそれらの国々から10数カ国をリストアップして，「かわいい子には旅をさせよ！」というつもりか，「それぞれがそれらの国のすべてを巡る旅をしてくるように」と指示した。

金満家の伯父のことだから，旅費は滞在費から渡航費まですべて負担してくれるという。といっても，同じところを何度も行ったり来たりするのは無駄であるから，気に入った国に何日か滞在するのは構わないが，次の国に移動するときにはリストの中のまだ行っていないところに限るという条件が付いている。

特定の2つの国の間を移動するための渡航費は，どっちからどっちに移動する場合でも同じである。そこでダムは，どうせ費用は伯父持ちだからというわけで，ある国から別の国へ移動する場合，まだ訪問していない国の中で一番渡航費の高い国を選んで移動することにした。逆にディーは，全部の国を一度ずつ訪問しなければならないのは同じだし，どの順に回っても自分には損も得もないから，まだ訪問していない国の中から一番渡航費の安い国を選んで移動することにした。

その話を聞いたアリスの感想は，当然，「まあ，ダムさんって，意地が悪いのね。別に自分が損をするわけではないでしょうが，そんな無駄使いをして，伯父さんの出費を増やすことはないでしょうに……。ディーさんのやり方のほうがずっといいと思うわ」というものだ。

その感想に対してグリフォンが言う。「そうかな。ディーだって，もし伯父さんの懐具合をもう少し心配していれば，渡航費を節約するもっといいやり方があるはずだよ。それにそもそも，2人の旅のそれぞれの最初の訪問国がどこであっても，トータルで見たダムの渡航費がディーの渡航費より多いはずだとキミは決めてかかっているけど，それは確かかい？」

ここで問題である。渡航費の総額をなるべく安くすまそうとすると，悪名高い難問「巡回セールスマン問題」を解かねばならなくなることを読者はご存じであろう。したがってダムのやり方はもちろん，ディーのやり方も渡航費の総額を安くするためには最善ではない。しかし，常識的に考えて，無駄なダムの渡航費の総額が，ディー以上になることなど当たり前にしか思えないかもしれない。

しかし，それは本当だろうか？　そうならば証明していただきたい。そうでなければ反例を作っていただきたい。なお，考えやすくするため鏡の国から最初の訪問国に行くための費用と最後の訪問国から鏡の国へ戻るための費用は渡航費の総額の中には含めないこととする。つまり，nカ国を巡るのであれば，移動の回数は$n-1$回と考える。

第176話の解答

伯父がリストアップした国の数をnとしよう。2人とも全部の国を1回ずつ巡るのだから，旅全体はどちらも$n-1$回の移動から構成される。

ここでダムのそれぞれの移動を安いものから順に並べてA_1, A_2, ..., A_{n-1}としよう。つまり，移動A_iの費用をa_iとすると，$a_1 \leqq a_2 \leqq ... \leqq a_{n-1}$である。ディーの渡航も同じように並べて，その渡航費を$b_1 \leqq b_2 \leqq ... \leqq b_{n-1}$とするとき，それぞれの$k=1, 2, ..., n-1$に対して，$a_k \geqq b_k$を示せば，少なくともダムの渡航費全体$a_1+a_2+\cdots+a_{n-1}$がディーの渡航費全体$b_1+b_2+\cdots+b_{n-1}$以上になることは保証される。だが，これは必要以上に強い主張にも思える。本当にそうなのだろうか？　また，本当だとしても，どうやったら証明できるだろうか？

実はこの主張は正しい。それには，ディーの$n-1$回の渡航の中には費用a_k以下のものがk回以上含まれることを示せばよいことは，了解していただけるだろう。そこで，以下ではそれを証明しよう。

渡航A_iでのダムの出発国をx_i, 到着国をy_iとする。伯父が双子たちに付けた条件から，出発国の集合$X=\{x_1, x_2, ..., x_k\}$と到着国の集合$Y=\{y_1, y_2, ..., y_k\}$のそれぞれの中に重複はなく，どちらもk個の要素からなる。

ダムの訪問順に国を左から並べたリストをLとする。各$x_i \in X$がこのリストLのどこに現れているにせよ，x_iのすぐ右隣が$y_i \in Y$である。ここでx_iとL上でそれより右側に来るどの国yとを結ぶ渡航費aもa_kより高いことはありえないことに注意しよう。なぜなら，もし$a > a_k \geqq a_i$だったならば（ダムがx_iから出国する時点でyには未訪問だから），ダムはy_iより渡航費の高いyを渡航先に選んだはずだからである。

次にディーの旅を考えよう。ディーがx_1, x_2, ..., $x_k \in X$を訪問した後にどこか別の国へ渡り，その渡航費用がどれもa_k以下だったとすれば，ディーの渡航の中には費用a_k以下のものが確かにk回以上含まれる。そうでないとすると，出国にa_kより多くの費用がかかったか，あるいはディーの最後の訪問国だった国がXの中にあるはずだ。そのような国でダムの訪問順リストLで一番左にあるものをx_iとしよう。

ディーがこの国x_iを訪問した時点では，リストL上でそれより右にある国へのディーの訪問はすでに済んでいなければならない。なぜなら，x_iがディーの最終訪問国であれば当然だし，最終訪問国でなくとも，リスト上でx_iの右にディーの未訪問の国があればx_iからそこへの渡航費用はa_k以下だから，そこへ向かうことによりディーのx_iからの出国時の渡航費はa_k以下に抑えられたはずだからである。よって，ディーがリストL上でx_iより右にあるどの国yを訪問したときでもx_iは未訪問であり，yからの出国先の候補になるから，yからのディーの出国渡航費がa_k以上になることはない。x_iの選び方から，L上でx_iより左にある$x_j \in X$については出国時のディーの渡航費はa_k以下である。またx_iを含めてそれより右にある$x_j \in X$については，y_jがさらにその右にあり，y_jからの出国時のディーの渡航費はa_k以下である。したがって，ディーの渡航には費用がa_k以下のものが少なくともk回含まれる。

酔っ払いルークの軌跡

第177話

鏡の国では，多くの駅の駅前広場で，敷石がチェス盤模様に配置されているのが普通に見られる。ある満月の晩，白の騎士が月見がてらの散歩に出て，行きつけの東ナイト駅近くの喫茶店で一服したあと，工房に戻ろうとしていたときのことだ。東ナイト駅の駅前広場で白のチェス王室の同僚である白のルークの姿を見かけた。

白のルークの自宅は，鉄道の西側終点の西ルーク駅が最寄りだから，このあたりで見かけることも少ないのだが，さらに珍しいことにはルークはひどく酔っているようだった。自宅まで鉄道で帰ることにして，東ナイト駅に向かっているつもりらしいが，酔っているせいで足元がまるでおぼつかない。

しかし，そこはルークの習性で，動きの一歩一歩が南北方向か東西方向だけというのは感心するほどだが，目指す方向は思いのままにならずひどい

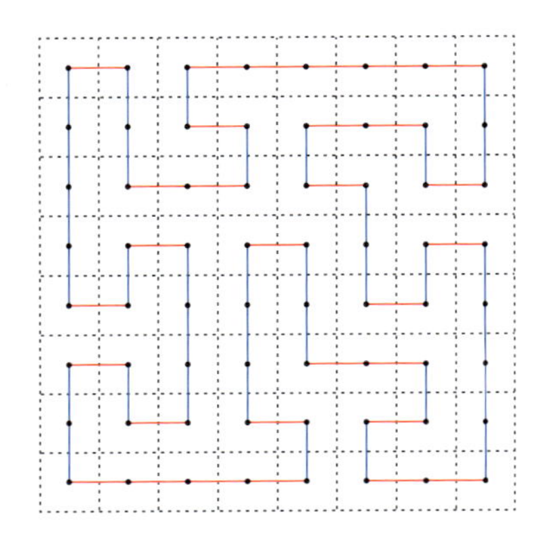

千鳥足だ。それに，南北か東西の一定方向であれば，一歩で好きなだけ進めることがルークの特技なのに，その特技が影をひそめて駅前広場の敷石を一歩で1マスずつ進むのがやっとらしい。

白の騎士は，すぐにルークに声を掛けようかとも思ったが，どうなるかしばらく見守っていると，白のルークは，ある敷石からうろうろと動き回ったあげくの果てに，元の敷石に戻ってしまった。しかも驚いたことには，チェス盤と同じ8×8の正方形上の全部の敷石をちょうど1回ずつ訪問して戻ったことに気がついたが，そんなことに感心している場合ではない。結局，白の騎士は，ルークを呼び止め，あとはルークが自宅に着くまで付き添って，面倒をみてやるハメになった。

さて，ここで問題である。白の騎士が見ている間に，ルークはある敷石からスタートしてその敷石に再び戻ってくるまで，8×8＝64個の敷石を1回ずつ踏んで周遊したわけだから，その周遊経路の長さは64歩分だ。ルークの動きの一歩一歩は，南北方向と東西方向に分類できるが，その2種の動きが同数ということがありえないことを証明していただきたい。例えば，上図では青線で示した南北の動きが34歩，赤線の東西の動きが30歩なので同数ではない。

第177話の解答

当然のことながら，読者の皆さんは，チェス盤のような8×8の盤面でなく，一般に$m \times n$の盤面でどうなるかを気にされるだろう。すぐに気がつくと思うが，南北方向の長さmと東西方向の長さnがともに奇数の場合，そもそも酔っ払いルークの動きで各マスを1回ずつ訪問するような周遊は不可能だ。

そのことはチェス盤のように盤面を市松模様に塗り分けてみると（下図の3×5の盤面を参照），すぐにわかる。酔っ払いルークの動きでは，白マスと水色マスを交互に訪問するしかないから，周遊が可能であるためには水色マスの数と白マスの数は同数でなければならない。しかし，mとnがともに奇数の場合，マスの総数$m \times n$は奇数になるので，白マスと水色マスが同数になることはない。

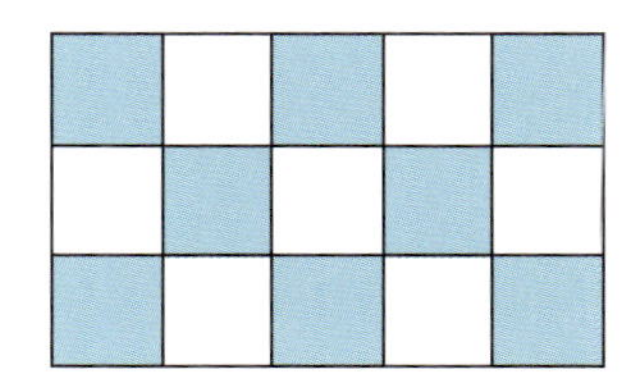

逆に，mとnがどちらも2以上であり，一方が偶数であれば，酔っ払いルークの動きでも$m \times n$の盤面の全マス周遊が可能であることは，ちょっと調べてみれば簡単にわかる。

では，その周遊路での南北の動きと東西の動きの合計歩数はどうなっているだろうか？　2×2の盤面の場合，明らかにどちらも2歩ずつで同数だ。$2 \times n$の盤面では，盤面の縁に沿って，時計回りか反時計回りに，1周するしかないので，南北方向の動きが合計2歩，東西方向の動きが合計$2n-2$歩になり，それが同数になるのは$n=2$のときに限られることがわかる。

次に$3 \times n$の盤面だが，nが奇数の場合は，先の議論から，そもそも全マス周遊は不可能である。3×2の盤面の場合2×3の盤面を90°回転させたものとみなせるので，上での議論から周遊は可能だが，東西の動きと南北の動きの歩数が同じになることはない。3×4の盤面では，南北の動きと東西の動きが同歩数の周遊路が簡単に見つかる。nが6以上の偶数の場合はどうだろうか？　東の端から西の端まで行くためには最低でも$n-1$歩の東西の動きが必要であり，また戻って来なければならないから，周遊路での東西の動きは$2n-2$歩以上である。一方，周遊路全体の長さは$3n$だから，東西方向の動きと南北方向の動きの歩数が同じなら，それぞれ$3n/2$歩になるはずだ。よって，$2n-2\leqq3n/2$より，$n\leqq4$が得られ，そのような周遊路は$n=4$のとき以外には存在しないことがわかる。

$4\times n$の盤面は，いろいろと試してみると，nが奇数ならそのような全マス周遊路が簡単に見つかるが，nが偶数だと存在しなそうに見え，実はそれは正しい。これまでは順に考えてきたが，そろそろ一気にかたをつけてしまおう。$n<4$の場合は，90°回転させることで，$m<4$の場合に帰着できるから，$m\geqq4$と$n\geqq4$と仮定してよい。まずmnが奇数の場合は，先の議論によりそもそも全マス周遊路が存在しない。mnが奇数の2倍の場合，全マス周遊路は存在するが，その南北の動きと東西の動きの歩数が同じになることはない。なぜなら，周遊路であるから，北から南への動きがあると，戻るためにその分だけ南から北への動きが必要となる。よって南北の動きの総歩数は偶数である。これは東西の動きでも同様でその総歩数は偶数である。したがって，南北と東西の動きが同歩数であれば，周遊路全体の長さmnは4の倍数でなければならないからだ。

次にちょっと意外な結論と思うが，mnが8の倍数である場合も，全マスを1回ずつ訪問し南北方向と東西方向の動きが同歩数であるような周遊路が存在しないことを示そう。

右ページの図のように，各マス目の中心を結ぶ線分でそのような周遊路の一歩を表すと，どんなサイズの盤面上のどんな周遊路も，2次元平面を巡ってもとのマス目に戻ってくるから，盤面をその周遊路の内側と外側の領域にに分割する。そして，内側の領域が，正方形のマス目が樹状につながった多角形を形成することは明らかだろう。もし周遊路が全マスを訪問するなら，周遊路内部の樹状領域が2×2の正方形を含むことはない。なぜなら，その2×2の正方形領域の中心をその周遊路では訪問できないからだ。

さて，格子状のマス目に描かれた周遊路は，それが囲む領域が2×2正方形を含まない樹状のものであれば（全マスを訪問するか否かにかかわらず）必ず持つ性質がある。その性質を説明するために，今度は盤面を縦に（南北方向に）切って色分けしよう。下図のように，上で述べたような周遊路がそういう盤面上にあるとし，周遊路が通過している青マスの数をv_0，白マスの数をv_1とする。

下図の場合なら$v_0 = 8$，$v_1 = 6$である。また，周遊路での東西方向の動きの総歩数をhとする。下図の場合，赤い線分の総長だから$h = 8$である。

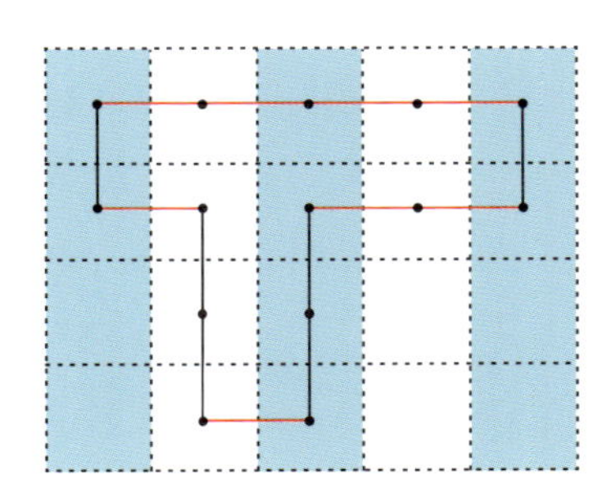

さて，上で述べた性質とは「$h - v_0 + v_1 + 2$が4で割り切れる」というものだ。実際，上の図の例では

$$h - v_0 + v_1 + 2 = 8 - 8 + 6 + 2 = 8$$

だから確かに4で割り切れる。

この性質は周遊路が囲む領域の面積に関する数学的帰納法により簡単に示せる。まず，一番簡単なケース，つまり内部領域の面積が1マスの場合は，周遊路は2×2の4マスをぐるりと巡るだけだから，$v_0 = v_1 = h = 2$となり，

$h - v_0 + v_1 + 2 = 4$は4で割り切れる。

面積が2マス分以上の場合，内部領域は2×2の正方形を含まないから，三方を周遊路に囲まれた「樹状領域の葉」に該当する部分が存在する。そこを切り離し領域の面積を1マス分小さくすることを考えよう。その結果も同様な周遊路と樹状領域になるので，帰納法の仮定により，$h - v_0 + v_1 + 2$は4で割り切れる。切り離した部分と残った領域とのつながり方を考えよう。南北につながっていた場合，少し考えればわかるように，切り離す前の周遊路ではv_0とv_1が1つずつ増え，hは変化しない。東西につながっていた場合，v_0とv_1の一方だけが2増え，hも2増える（例として前ページの図から領域面積が1マス分増えた下の2つの図を参照されたい）。

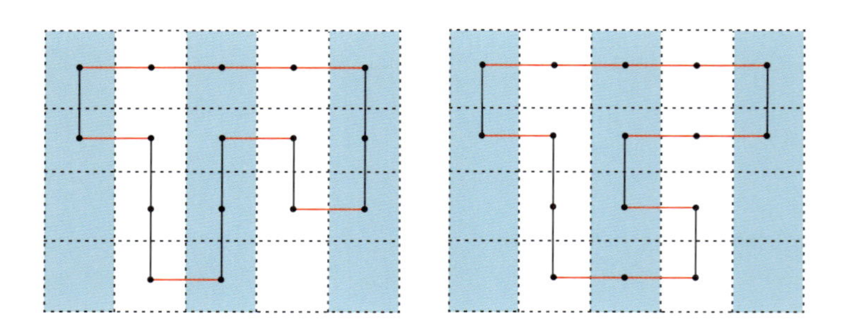

結局，$h - v_0 + v_1 + 2$が4で割り切れるという性質はこのような切り離しを行う前後では変化しないので，領域面積にかかわらず成立する。

この性質の帰結として，mnが8の倍数の場合，全マスを1回ずつ訪問し南北方向と東西方向の動きが同歩数であるような周遊路が存在しないことが示される。まず，そのような周遊路が存在すれば，南北方向の動きと東西方向の動きは，どちらも全体で$mn/2$マス分になることに注意しよう。これは4の倍数だ。

次にmnが8の倍数だから，mかnのどちらかは4の倍数である。必要ならば90°回転することで，南北方向の長さmが4の倍数と仮定しても一般性を失わない。すると全マスを通る周遊路ではv_0とv_1の差も4の倍数であるから，

$h - v_0 + v_1 + 2$は決して4の倍数になることはなく，上の性質に矛盾する。

この結果，チェス盤のような8×8の盤面では南北と東西の動きは同歩数にはならないことが示された。

mとnがともに4以上でmnが奇数の4倍の場合，南北と東西の動きが同歩数の全マス周遊路が存在するようだ。具体的な盤面でそのような周遊路を構成するのは難しくないから，読者の皆さんには6×6，4×7，5×12などの盤面をぜひ試みていただきたい。そのような場合に，周遊路をシステマティックに構成する方法については読者の皆さんの創意に期待したい。

完璧なジャンプ技量をもつ蜘蛛たち

第178話

第132話「蜘蛛たちのジャンプ力」や第153話「子蜘蛛のジャンプ練習」（45ページ）でヤマネの7匹の姪たちが飼っているペットの蜘蛛たちの話をしたが，今回はその続きの話にお付き合いいただきたい。

蜘蛛たちは，何匹かいると互いに協力し合って，交代にジャンプすることで平面上を移動していくことを特技としている。蜘蛛同士は，目にはほとんど見えないが細くて軽い丈夫な糸でそれぞれつながっており，1匹が跳び上がると，別の1匹が強くその糸を自分の方に引き寄せる。すると，跳んだ蜘蛛は引き寄せた蜘蛛の上を越えて，その向こう側に着地することができるのだ。しかも，その2匹の技量が完璧ならば，ジャンプした蜘蛛が跳んでいける距離は，2匹がもともと離れていた距離のちょうど2倍，つまり，ジャンプした蜘蛛は，引き寄せた蜘蛛のいる地点に対して，元の位置からはちょうど対称的な位置に降り立つことができる。

さて，姪たちが飼っている蜘蛛には，この技量の完璧さを売り物にしているのが数匹いる。そこで，サンデイはそのうちの3匹を選び，正方形の3頂点に配置した。そして，麻痺させて動けなくしたおいしそうな生餌を残りのもう1つの頂点の位置に置き，次のような課題を与えた。完璧なジャンプ（つまり，引き寄せてくれた蜘蛛のちょうど反対側の等距離の点に降りるというジャンプ）だけを繰り返して，3匹のうちの誰か1匹を餌の位置に着地させるというものだ。それができれば，捕まえたその餌は3匹へのおやつとして与えることにする。

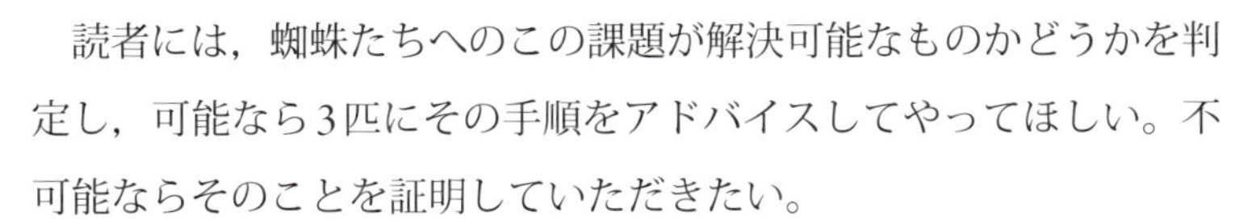

読者には，蜘蛛たちへのこの課題が解決可能なものかどうかを判定し，可能なら3匹にその手順をアドバイスしてやってほしい。不可能ならそのことを証明していただきたい。

また，次の課題はどうだろうか。今度は4匹を正方形の4頂点に配置する。そして，やはり完璧なジャンプを繰り返して，4匹がもっと大きい正方形の4頂点の位置に来るように移動することだ。新しい位置の大きい正方形は元の位置の正方形に対して傾いていてもよい。可能ならその手順を示し，不可能ならそのことを証明していただきたい。

第178話の解答

この問題での「完璧」な技量というのは，実は「融通がきかなくて不器用」というのと同義語かもしれない。実際，問題で提示された課題はどちらも完璧なジャンプだけでは達成できない。なぜだろう？

最初の課題が不可能であることの証明の方が簡単のように思えるので，先にそちらを説明しよう。3匹の蜘蛛は，最初，正方形の3頂点を占めているのだから，その位置を（0，0)，（0，1)，（1，0）とする直交座標を導入することができる。蜘蛛たちは，ジャンプにより移動するからこの座標が順次変化するのだが，すぐに気づくことは，完璧なジャンプをいくら繰り返しても決して整数以外の座標を持つ位置には到達できないという点だ。

実際，ジャンプする蜘蛛Aの位置座標を（a_1，a_2)，引き寄せる蜘蛛Bの位置座標を（b_1，b_2）とすると，完璧なジャンプの結果，Aの新しい位置の座標は（$2b_1-a_1$，$2b_2-a_2$）になることは簡単な計算でわかる。a_1，a_2，b_1，b_2が整数なら，この座標も整数だ。よって，目標地点が整数以外の座標ならば，そこに到達することは不可能だ。

生餌が置かれているのは正方形のもう1つの頂点で，その座標は（1，1）だから，これだけでは到達不能性が証明されたとはいえないが，もう少し精密に考えると到達不能であるとわかる。それは座標の奇偶性に着目することだ。

上述したように，ジャンプした蜘蛛の座標は（a_1，a_2）から（$2b_1-a_1$，$2b_2-a_2$）に変わるが，$2b_1$，$2b_2$は偶数だからその奇偶性は変化しない。よって，もともと（0，0）の位置にいた蜘蛛は何回ジャンプしようと（偶数，偶数）を座標に持つ位置にしか行くことができないのだ。これは他の蜘蛛も同じことだから，座標（1，1）に行くことができる蜘蛛は，最初の位置が（奇数，奇数）の座標だったものに限られる。蜘蛛たちには気の毒ながら，最初に配置された3匹の蜘蛛の座標はどれも（奇数，奇数）ではないので，どの蜘蛛も決して座標（1，1）に着地することはできない。

次の「正方形の4頂点に配置された4匹の蜘蛛が，完璧なジャンプだけで，もっと大きい正方形の4頂点の位置に移動する」という課題はどうだろうか？　この場合も，各蜘蛛の座標の奇偶性は保たれねばならないが，目標とするサイズの大きい正方形は，特定の位置に作るわけではないから，この条件は明らかな足かせとはならない。

ところが，今度は完璧なジャンプという操作の可逆性が問題点となる。つまり，どのジャンプも完全に逆向きの操作が可能であり，同じ完璧なジャンプの繰り返しにより元の位置に戻れることに気づけば不可能性を証明できる。

課題の達成が可能だとしよう。つまり，最初よりもっと大きな正方形の頂点に移動できるとする。すると，逆にその位置をスタートとして，逆向きの完璧なジャンプを繰り返すことで，元の小さい正方形に戻ることができる。

この逆向きジャンプ操作は，どんな正方形にも適用できるから，(0, 0)，(0, 1)，(1, 0)，(1, 1) を頂点とする正方形をスタート位置として選ぶと，面積が1よりも小さい正方形にジャンプできることになるが，この結果の座標もすべて整数である。

頂点がすべて整数座標であるような図形を格子図形というが，格子正方形の面積は必ず整数になる。そのことは直感的に明らかだろうが，あえて厳密に証明しよう。格子正方形の1辺をABとしてAとBの座標を (a_1, a_2) と (b_1, b_2) とするなら，線分ABの長さは3平方の定理より

$$\sqrt{(a_1-b_1)^2+(a_2-b_2)^2}$$

となる。よって，この格子正方形の面積は $(a_1-b_1)^2+(a_2-b_2)^2$ であり，これは整数だ。

つまり，もとは面積1の正方形の4頂点を占めていた蜘蛛たちが，完璧なジャンプによりそれより小さい（面積が1未満の）格子正方形の4頂点に移動できることになるが，これは格子正方形の面積が整数でなければならないことに矛盾する。

坂井 公（さかい・こう）
数学者。1953年北海道生まれ。東京工業大学理工学研究科修士課程修了。神奈川大学非常勤講師。理学博士。2019年3月まで筑波大学准教授。学生時代よりマーチン・ガードナーの「数学ゲーム」のファンで，その後1984年から7年間にわたり日経サイエンスに連載されたA.K.デュードニー「コンピューターレクリエーション」の翻訳を隔月で担当した。日経サイエンス2009年5月号より「パズルの国のアリス」を連載中。共著に『組合せゲーム理論の世界：数学で解き明かす必勝法』（共立出版，2024），訳書に『ロジカルな思考を育てる数学問題集（上・下）』（ドリチェンコ著，岩波書店，2014），『偏愛的数学 驚異の数』『偏愛的数学 魅惑の図形』（ポザマンティエ，レーマン著，岩波書店，2011）など。

斉藤重之（さいとう・しげゆき）
イラストレーター，デザイナー。1969年北海道生まれ。筑波大学情報学類を卒業後，デザイン事務所勤務を経て，1999年よりフリーランス。

デザイン　八十島博明，岸田信彦（GRID）

鏡の国のチェス大会
パズルの国のアリス5

2024年12月17日　第1刷

著　者　坂井 公

発行者　大角浩豊

発行所　株式会社日経サイエンス
http://www.nikkei-science.com/

発　売　株式会社日経BPマーケティング
〒105-8308　東京都港区虎ノ門4-3-12

印刷・製本　株式会社 シナノ パブリッシング プレス

ISBN978-4-296-12333-9